机电产品绿色高效拆解技术

周自强 著

北京理工大学出版社
BEIJING INSTITUTE OF TECHNOLOGY PRESS

内 容 简 介

本书主要针对工业领域和居民生活领域中的废旧机电产品回收处理过程中的拆解环节进行分析和研究。首先对废旧产品的拆解理论和拆解工艺以及拆解装备进行概述；其次从废旧产品的评估方法、可拆解模型建模、拆解序列规划等进行了说明，在具体拆解技术方面，从拆解系统的规划和设计、自动化拆解设备的设计方法及其中所涉及的控制方法进行了阐述，并提供了丰富的实例；最后针对拆解过程中所用到的高效拆解工具的设计方法也进行了分析和阐述。本书可作为再生资源回收领域的工程技术人员的参考用书，也可作为相关专业研究生的参考书目。

图书在版编目（CIP）数据

机电产品绿色高效拆解技术／周自强著． — 北京：
北京理工大学出版社，2023.2
　　ISBN 978-7-5763-2137-1

Ⅰ．①机… Ⅱ．①周… Ⅲ．①机电工业-工业产品-废物处理-无污染技术-设计 Ⅳ．①X76

中国国家版本馆 CIP 数据核字（2023）第 034897 号

责任编辑：徐艳君　　　**文案编辑：**徐艳君
责任校对：刘亚男　　　**责任印制：**李志强

出版发行／北京理工大学出版社有限责任公司
社　　址／北京市丰台区四合庄路 6 号
邮　　编／100070
电　　话／（010）68914026（教材售后服务热线）
　　　　　　（010）68944437（课件资源服务热线）
网　　址／http：//www.bitpress.com.cn

版 印 次／2023 年 2 月第 1 版第 1 次印刷
印　　刷／三河市华骏印务包装有限公司
开　　本／710 mm×1000 mm　1/16
印　　张／10
字　　数／190 千字
定　　价／45.00 元

前　言

随着我国工业化和城市化进程的不断发展，废旧机电产品已经成为一个不可忽视的社会问题和环境问题。这些废旧机电产品主要来自两个方面：一方面是人们生活水平提高以后淘汰或损坏的家用电器，包括洗衣机、电冰箱、电视机、空调器、热水器等，在今天的中国，还应当包括一类非常重要的消费类机电产品，那就是汽车；另一方面是工业生产领域中的废旧设备，包括机床、生产线、内燃机等，还包括各类电机、阀门等工业通用部件。

以往我国废旧机电产品管理政策相对滞后，废旧机电产品的回收和处理在很长一段时间内处于一种自发的状态中，似乎是农民工或者进城务工者的专属职业，在安徽、河北、浙江等地甚至形成了废旧家电和废旧电子产品的区域性集散中心。这类行业也似乎与"高大上"无关，更缺乏技术的支持和政策上的管理，其结果是给局部地区造成了比较严重的环境污染。

如果从资源的视角来看这些废旧机电产品，可谓是放错了地方的资源。且不说其本身所含有的黑色金属和有色金属，即便是其中所蕴含的一些稀贵金属元素的含量，也已经超过了自然矿藏的含量。换句话说，从采矿的角度来看，该"矿"也具有开采价值。因此，废旧机电产品的合理处置可以大幅降低工业生产对自然资源的消耗。

废旧机电产品具有多种回收处理方式，目前主要包括零部件直接再利用、零部件再制造、产品再制造、材料再生等。在这些不同的处置方式中，合理高效的拆解是其中的关键环节，合理的拆解工艺不仅能降低拆解成本，还能提高整个处置过程中的综合效益。为此，本书在理论和技术层面针对拆解的建模过程、拆解系统规划、拆解装备设计、拆解装备控制以及拆解工具的设计等不同方面阐述机电产品的拆解问题。

本书的撰写得到了江苏省科技支撑计划（工业部分）项目、江苏省产学研前瞻性联合研究项目、江苏省博士后科研基金项目、苏州市科技计划项目等科研项目的支持，还得到了江苏省机电产品循环利用技术重点建设实验室专项经费的资助，以及常熟理工学院特色学科建设经费的资助。实验室广大同仁也对本书的撰写给予了重要支持，包括戴国洪教授、谭翰墨副教授、章泳健副教授、胡朝斌副教授，相关企业的技术高管也对本书的撰写提出了宝贵的意见，包括柏科电机（常熟）有限公司董事长滕国平、总经理魏鹏，以及江苏华宏科技股份有限公司总经理胡品龙、总监黄艰生等。重点实验室的联合培养研究生也对本书的撰写做了很多具体工作，包括吴兆仁、曹娟、魏信、张翔燕、张超、虢建、陈锋、蒋波、陈亮宏、史志贺、包向男、袁春明等。在这里一并致谢。

在本书的撰写过程中，参考了大量的文献，在此，向这些作者表示衷心的感谢。

由于作者水平有限和撰写时间仓促，书中难免存在一些不妥之处，恳请读者给予批评指正。

作　者

2022 年 9 月

目 录

第 1 章
绪　　论

拆解不同于拆卸，该技术主要涉及废旧产品的处理和回收。不论出于何种目的的废旧产品回收，拆解都是其中不可回避的重要环节。本章主要介绍拆解技术的国内外发展现状和需要解决的问题，并引出本书的主要内容。

1.1　机电产品拆解处理的背景和意义

随着社会的发展，报废产品的随意处置已经成为危害自然环境的主要因素之一。目前来看，报废机电产品主要来自两个方面：一方面是随着城市化进程和生活水平提高而带来的家用电器方面的淘汰与报废；另一方面是随着工业化的发展而导致的生产设备的退役和报废。如果对报废产品进行科学合理的回收和处理，一方面可以大大降低对环境的影响，另一方面也可以大幅度降低对自然资源的消耗。产品的回收包括直接再利用、再制造和材料回收三个组成部分（如图 1-1 所示）。对于产品回收处理过程而言，拆解是其中的重要环节。合理高效的拆解能提高零部件的再利用率，也能减少最终的废弃物总量。

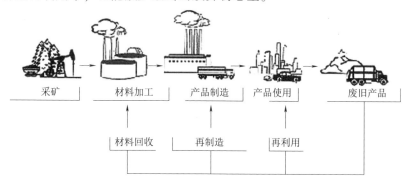

图 1-1　机电产品的生命周期与回收处理流程

1.1.1 机电产品拆解处理

拆解并不是产品装配过程的逆过程，相对于普通产品的装配生产，面向回收产品的拆解有许多的不确定性和技术难点（如表1-1所示）。拆解企业所要处理的废旧产品往往来自不同的用户，其产品的品牌、型号、失效类型、规格参数都是不同的。此外，由于产品的拆解目标不同，所以拆解处理方式也不同。例如有些质量可靠的零部件可以作为备用品进入维修市场，那么在拆解时就应当进行精细拆解；而部分无法再利用的零部件就可以用专用工具进行破坏式拆解，从而提高处理效率。与普通的装配生产相比，拆解作业最大的难点是技术资料的获取。普通装配生产拥有完备的技术资料，而对废旧机电产品进行拆解的过程中，很难获得所有待拆解产品的技术资料，必须依赖于操作工人的经验积累和现场分析。

表1-1 装配和拆解的特点对比

项目	普通装配	产品拆解
产品结构	确定	不确定
产品技术资料	已知	部分未知
生产批量	确定	多变
产品规格	确定	多变
生产工艺	确定	多变
产品品牌	确定	不确定
加工对象的质量	可控	多变

1.1.2 机电产品的拆解目标

（1）面向维修的拆解

面向维修的拆解是最为人熟知的拆解作业。其目的往往是将损坏的零件拆解下来进行修理，或者更换上新的零件，最后让产品恢复功能重新投入使用。这种拆解往往属于小批量或单件作业，更需要强调的是，其面对的不是已经退役或报废的产品，而是处于服役期限内的产品。因此，这种拆解所涉及的技术问题不在本书的研究范围内。

（2）面向材料回收的拆解

很多产品在退役或报废之后，只剩下材料回收的价值，可以通过有目的、有针对性的拆解来分离出其中所含有的不同材料成分，把这些材料重新加工成再生材料即可使用。废塑料、废钢材就是这一类拆解回收方式的实例。在这种方式中，零部件的破损并不影响其最终效果，因此，在拆解作业中，可以采用高效设

备，通过剪切、破碎等方式来分离报废产品。

这里需要说明的是，作为材料回收，某些零件并不需要重新加工成再生材料然后加以利用，而是可以将这些零部件作为材料直接加工成质量满足要求的另一种产品，这样不仅可以提高综合效益，而且可以大幅度降低回收处理过程中的能耗。

（3）面向再利用和再制造的拆解

再利用和再制造是废旧产品拆解的主要目的。对主要零部件进行再利用和再制造不仅可以提高回收处理企业的综合经济效益，还能够大幅度降低制造所需的原材料消耗和能源消耗，对全社会的节能减排具有重要意义。例如，美国卡特彼勒公司已经形成了自己独有的供应链，专门回收其自有品牌的关键零部件，经过再制造后以折扣价销售给客户。

不论是再利用还是再制造，其产品一般都是进入维修服务市场。对于直接再利用和再制造的零部件，还必须按照一定的国家标准进行检验检测，在符合质量要求的前提下进行销售。国家也为此出台了相关的法律法规。面向再制造的产品拆解需要配备检测设备和检测工具，以及专用的中转用具。例如不同品牌的产品其紧固件不同，如果混放就会给后续的装配环节造成很大问题。这些都需要在设计拆解工艺时考虑。

1.2 拆解技术的国内外研究现状

1.2.1 产品的可拆解性建模与表示

为了对需要拆解的报废产品进行拆解工艺的规划（Disassembly Sequence Planning，DSP），或者也称为拆解路径规划，首先要做的就是对产品的结构进行可拆解模型的建模；然后才能在考虑不同的评价指标和目标选择的情况下，规划出一条优化或接近优化的拆解路径或序列；最后以较小的成本来实现报废产品中目标零部件的分离。

当关注到报废产品需要拆解后进行再利用和再制造的问题后，国内外的学者提出了多种不同的建模和表示方法，从数据结构的角度来看，主要分为拆卸矩阵、树形结构模型、图模型等。

（1）拆卸矩阵

该方法用于无破坏拆解。拆卸矩阵主要是基于产品中各零件在 x，y，z 三个方向上的移动自由度来表示和生成的。首先根据各零件的平动自由度建立出三个方向上的干涉矩阵，然后通过干涉矩阵生成拆卸矩阵的二进制形式。图 1-2 所示的产品模型在 x，y，z 三个方向上的干涉矩阵如式（1-1）～式（1-3）所示[1]，据此生成的拆卸矩阵的二进制形式如式（1-4）所示。根据拆卸矩阵中各行列的代数运算，可以最终计算出零部件的拆卸序列树。黄元矛和 Mircheski 等人[2-4] 采用该方法进行了拆解建模和拆卸序列规划的研究。朱建峰等人将该方法与虚拟环境下的三维模型相结合，研究了拆卸序列的规划。这种拆卸矩阵方法具有计算简便的特点，但是其缺点也是显而易见的，只能从三个方向上描述零部件的可移动性。实际上，很多零件是圆周分布或者斜向安装的，对这些情况该方法无法表示。

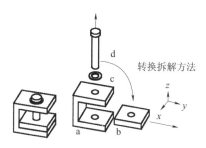

图 1-2　用于拆卸矩阵的产品结构

$$\boldsymbol{H}_s = \begin{array}{c} \\ a \\ b \\ c \\ d \end{array} \begin{array}{cccc} a & b & c & d \\ \begin{bmatrix} 0 & 0 & 0 & 1 \\ 0 & 0 & 0 & 1 \\ 0 & 0 & 0 & 1 \\ 1 & 1 & 1 & 0 \end{bmatrix} \end{array} \tag{1-1}$$

$$\boldsymbol{H}_y = \begin{array}{c} \\ a \\ b \\ c \\ d \end{array} \begin{array}{cccc} a & b & c & d \\ \begin{bmatrix} 0 & 1 & 0 & 1 \\ 0 & 0 & 0 & 1 \\ 0 & 0 & 0 & 1 \\ 1 & 1 & 1 & 0 \end{bmatrix} \end{array} \tag{1-2}$$

$$\boldsymbol{H}_z = \begin{array}{c} \\ a \\ b \\ c \\ d \end{array} \begin{array}{cccc} a & b & c & d \\ \begin{bmatrix} 0 & 1 & 1 & 1 \\ 1 & 0 & 1 & 1 \\ 0 & 0 & 0 & 1 \\ 0 & 0 & 0 & 0 \end{bmatrix} \end{array} \tag{1-3}$$

$$\boldsymbol{A} = \begin{array}{c} \\ a \\ b \\ c \\ d \end{array} \begin{array}{cccc} a & b & c & d \\ \begin{bmatrix} 000 & 110 & 100 & 111 \\ 100 & 000 & 100 & 111 \\ 000 & 000 & 000 & 111 \\ 011 & 011 & 011 & 000 \end{bmatrix}_{BIN} \end{array} \tag{1-4}$$

（2）树形结构模型

树形结构模型是基于一种数据结构形式来构建产品中零部件的装配关系，包括二叉树和多叉树。图 1-3 是 Chulho 等人[6] 将一种家用咖啡机的零部件关系用多又树来描述的结果。这种表示方法虽然表示了零部件之间的装配关系，但是往往忽略了没有配合关系但是又存在着空间约束关系的两个零件之间的约束条件。Azab 和 Elsayed 等人[7-8] 采用树形结构来描述可拆解模型，并尝试了最优拆卸序列的规划。

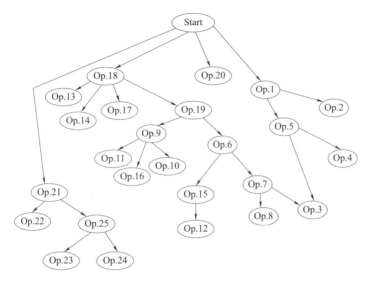

图1-3   多分支拆解树

与或图也称为与或树，也是一种树形结构的可拆解模型。其节点包括与节点和或节点。与或图方法是将可拆解模型的建模与规划融为一体的一种分析方法。与或图的终节点或叶节点即为拆卸后的最小单位。图 1-5 是将图 1-4 所示的圆珠笔模型表示成的与或图[9]。这种方法具有逻辑关系清晰的特点，但是当产品结构复杂时，与或图的复杂度快速增加，使得分析工作量也快速增加，其最大的问题是建模过程无法自动实现。

（3）图模型

图模型方法的理论基础主要是离散数学中的图论，主要用优先图、Petri 网、无向图、有向图以及混合图来表示零部件之间的连接关系和拆卸时的优先关系。优先关系是基于产品零部件之间的优先关系而建立起来的一种有向图。图 1-6 是对手机的零部件进行分析之后得出的优先关系图[10]。该图形可以转化为一个与图中的元素数相同的矩阵，通过特定的算法可以从中搜索出最优拆卸序列。

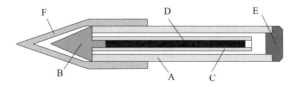

图1-4   简易圆珠笔模型（用于与或图分析）

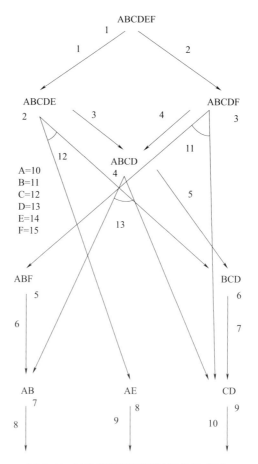

图 1-5　圆珠笔模型拆解过程的与或图

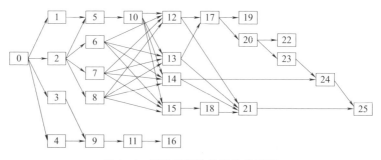

图 1-6　手机零部件的优先关系图

图 1-7 是一个产品模型的无向连接图[11]，图中的实线和虚线表示不同的连接形式，如紧固连接和一般接触。该方法往往需要配合拆解树信息一起完成拆解过程的分析。该方法具有建模简单的特点，但是可能会忽略一些重要的几何信息，

从而导致生成的拆解路径无法实现。

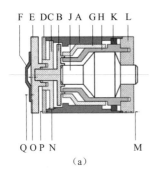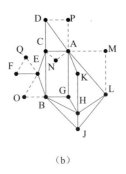

图1-7 一个产品模型的无向连接图

Petri 网是一种描述离散事件的建模语言，其主要是通过库所、变迁、有向弧来表示事件的过程[12]。图1-8 是一个简单产品结构的 Petri 网表示[13]。Petri 网的图形形式可以转化为严谨的数学表达式。在图中一般用圆圈表示库所，用短粗线表示变迁。对于产品结构而言，用库所表示产品拆卸过程中的装配体或部件，用变迁来表示拆卸动作。在转化为多元组并进行计算和比较之后，可以获得产品的最优拆卸路径。和与或图类似，Petri 网的建模过程也依赖于人工分析，且随着产品结构复杂性的提高，Petri 网的建模过程的复杂性也同时提高。

图1-9 是结合了无向图和有向图的混合图表示。图中的无向边表示零件之间的连接关系，有向边表示零件之间的优先关系[14-15]。图中有一个从节点 1 指向节点 3 的有向边，它表示必须首先分离零件 1 然后才能分离零件 3。有向边的信息和无向边的信息可以分别转换为连接矩阵 Gc 和优先关系矩阵 Gp。通过矩阵元素的比较和运算，就可以找到一条较为合理的拆卸序列。Fang Li 等人[16] 进一步提出了分层混合图的表示方法。

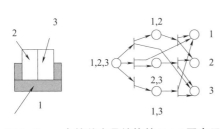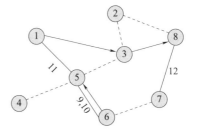

图1-8 一个简单产品结构的 Petri 网表示   图1-9 混合图表示

除了上述矩阵、树形结构模型、图模型的产品可拆解建模方法，还有直接采用产品三维几何模型的方法，也有学者采用基于符号语言的可拆解模型建模方法[17]。这些建模方法在拆解工艺规划中都得到了应用，也各有其优缺点。目前应用较为普遍的是基于图模型的建模方法。如何利用已有的产品数据，对可拆解模型进行自动化建模仍然是目前需要解决的问题。

（4）产品的拆解策略与算法

如上所述，报废产品的结构描述可以有多种不同的表示方法。与之相对应，最优拆解路径的搜索算法也是不同的。即便是同一种产品模型，完全拆解和选择性拆解的拆解路径规划也是不同的。当考虑到部分零件需要进行破坏式拆解时，其最优拆卸路径的规划就更复杂了。从总体上看，可以分为树形结构遍历、图遍历和空间遍历三种类型的搜索算法。

在树形结构遍历算法方面，首先是用不同类型的树形数据结构来表示产品的可拆解模型，然后通过遍历来获得最优拆解路径。Shimizu 等人[18] 通过遗传算法 GA 对基于二叉树结构的可拆解模型进行了搜索，并得出了最优拆解路径。Azab 等人[19] 采用一种随机启发式算法对一种多分叉树结构的可拆解模型进行了搜索和规划。Wei-Chang Yeh[20] 采用一种简化的群算法对多分枝树形结构的可拆解模型进行了拆解路径的规划，这种改进算法具有一定的自学习性和较好的鲁棒性。

由于树形结构无法表示零部件在空间上的逻辑关系，因而所生成的拆解路径往往缺乏操作上的可行性。因此，目前对拆解路径的规划多是采用基于图模型的搜索算法。Lambert[21] 对基于与或图的可拆解模型采用启发式算法进行了优化搜索，该算法结合了拆解过程的成本优化问题。Gao Meimei[22] 基于 Petri 网的拆解模型研究了一种智能决策算法，来求解其最优拆解路径。基于有向图或无向图的图模型对于产品结构的表示相对而言更加简便可行，国内外的学者对此也开展了很多研究工作。Tripathi[23] 采用一种改进的遗传算法对基于无向图的可拆解模型进行了拆解路径的规划。张秀芬等人[24-25] 采用粒子群算法对基于混合图的产品拆解模型进行了最优拆解路径的规划研究。J. F. Wang 等人[26] 采用蚁群算法对混合图模型的拆解路径优化进行了研究。上述研究多是针对流行的智能优化算法的改进和应用，对产品拆解过程中的具体问题研究不足，从而使得算法的适用性受到一定限制。

除了上述的树形结构模型和图模型的搜索，对产品的几何模型直接进行空间搜索也是一种可行的思路。Ferre[27] 提出一种交互式扩散算法，使目标零部件能在产品中搜寻出一种可行的移出路径，并通过汽车座椅的移出验证了该算法的可行性（如图 1-10 所示）。Aguinaga[28] 利用一种改进的扩展随机树算法在三维虚拟环境中实现了目标零件的移出路径的自动搜索（如图 1-11 所示）。Duc Thanh 等人[29] 利用扩展的 RRT 算法实现了基于二维空间和三维空间的紧凑装配产品的拆解路径规划。基于空间搜索的拆解路径规划可靠性较高，但是要求必须具备完整的产品几何模型。此外，该方法对于计算机的算力也有较高的要求。

（5）拆解过程的知识表示与利用

报废产品的拆解根据其不同的拆解方式（无破坏拆解、有破坏拆解）需要依

图 1-10 汽车座椅的移出路径规划

图 1-11 基于扩展随机树算法找出的移出路径

靠不同的知识来进行作业过程中的判断和决策，这些知识包括对拆解对象的选择、工具的选择、操作顺序的选择等。因此，拆解知识的表示与引用，对拆解过程的效率、质量都起着十分重要的作用。

目前在理论层面上，应用较多的拆解知识是基于规则的表示方法。Giudice 等人[30] 采用规则方法对拆解模型的拆卸深度、关联约束和零部件聚类进行了分析，并定义了相对应的若干规则集。Smith 等人[31] 研究了基于规则递归方法的选择性拆解问题，针对拆解过程的紧固件选择、分离方式进行了分析，并定义了 5 种规则，利用规则的递归应用来实现拆解序列的分析和生成。

除了上述基于规则的方法，基于实例的方法在拆解规划中也得到了应用。美国东北大学的研究者利用 C++中的类实现了基于实例推理的拆解规划问题[32]，该研究的局限性是在源代码层面上表述实例信息，缺乏工程上的可扩展性。ZhouFon 等人[33] 对再制造领域中的参数决策问题采用基于实例推理的方法进行了研究，该方法说明基于实例的推理在工艺参数决策方面具有一定的实用性。

基于语义的知识表达在产品设计，特别是在装配设计中也有很多研究和应用。HaSan 等人[34-35] 利用语义识别技术从装配模型中识别出配合关系，并据此生成了装配工艺。朱毕成[36] 利用语义网工具研究了产品中装配关系的表示方法，研究了基于该模型生成拆解序列的相关算法并进行了比较。国内学者对语义网和本体技术在装配和拆解方面也进行了研究。刘少丽等人[37] 对语义模型在装配关系和装配工艺的规划方面进行了研究。崔祥友等人[38] 利用本体方法对工艺知识的表示和推理应用进行了研究。这些研究说明语义方法在拆解建模和规划方面具有一定的可行性。

Durmisevice[39] 利用模糊神经网络对装配和拆解中的知识模型进行了可行性研究，通过模糊规则和神经网络推理，可以推理出符合要求的基本拆解逻辑和作业参数。

从上述理论研究可以看出，基于规则的方法具有较高的可行性。在具体研究时应当避免传统的专家系统所存在的规则库难以扩展的缺陷。此外，应当注重规则表示和实际工程性描述之间的关系，只有建立易于扩充和编辑的工程性知识编辑工具，才能将理论研究和实际应用结合起来。

除了上述理论研究，国内外的工程技术人员也提出了相关的解决方案。

大众、宝马等40多家汽车企业联合开发了一套面向报废汽车拆解信息支持系统（International Dismantling Information System，IDIS），旨在提高拆解企业工作效率和技术水平，其运行界面如图1-12所示[40]。

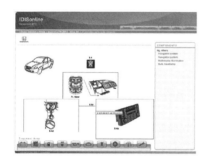 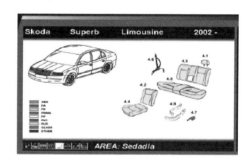

图1-12　IDIS 的运行界面

中国汽车技术研究中心也基于生产者责任延伸义务，提出并开发了中国汽车绿色拆解信息系统平台[41]，该平台要求国内的汽车生产企业在新车上市前提供车型的拆解手册，并通过平台向报废汽车拆解企业进行数字化发行。图1-13是该平台的业务流程。

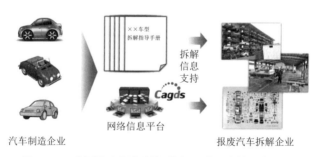

图1-13　中国汽车绿色拆解信息系统平台的业务流程

1.2.2 自动化拆解技术

（1）自动化拆解与机器人拆解

为了提高废旧产品拆解的工作效率，降低人工成本，国内外都在研究和实施自动化技术在拆解领域的应用方式和相关技术。但是由于废旧产品的拆解和新产品的生产有着很大区别，因此不能直接套用一般制造业领域中的自动化技术。

柏林科技大学设计了研究了废旧显示器自动化拆解系统。该系统采用基于仿真的控制系统来实现系统的作业控制（如图 1-14 和图 1-15 所示），通过仿真模型来解决拆解对象的多样性，并进而生成设备层面的 PLC 程序[42-44]。

图 1-14 废旧显示器自动化拆解系统

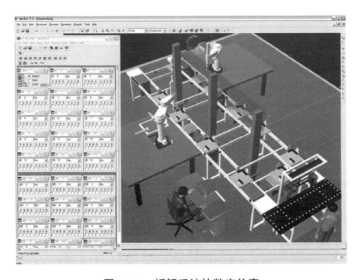

图 1-15 拆解系统的数字仿真

拆解过程中的自动化不应追求无人化，而是应当以人为中心，充分发挥人的认知能力和决策能力，让设备的运行代替人的重体力劳动[45]。

与装配过程的自动化不同，拆解自动化需要处理许多产品和过程级别的复杂性和不确定性。为了解决这个问题，在系统上实现了认知机器人原理，以增加系统的灵活性和自主程度。澳大利亚新南威尔士大学的学者采用认知机器人概念和原理对废旧显示器的识别、检测和切割分离做了研究和测试[46]。认知机器人在拆解中的应用代表了面向应用的研究向前迈出了关键一步。

新南威尔士大学的研究人员认为，不同的汽车车型在电池的体积、规格方面的差异，特别是回收批量上难以预测，这些都对汽车电池的拆解和回收提出了挑战[47]。针对这些挑战和需求，他们提出了一种基于机器人协助拆解汽车电池工作站的概念，由机器人执行简单、重复的任务，例如移除螺钉和螺栓等，人类则执行更复杂的任务（如图 1-16 所示）。需要为机器人开发出分离螺栓的任务程序，并根据电动车电池中各种螺丝和螺栓自主更换工具，以及实时获取这些紧固件位置信息的一些方法。

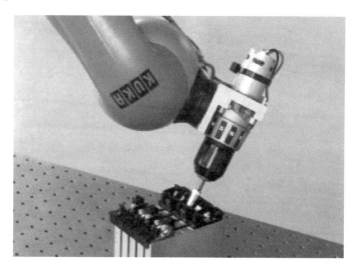

图 1-16　机器人用电动工具拆解汽车电池

西班牙阿利坎特大学的 Gil 等人提出使用协同机器人系统进行自动化拆解（如图 1-17 所示），该系统考虑了使用多个机器人以并行或协作的方式执行组件的拆解[48]，提出在机器人之间分配任务的算法需要考虑每个任务的特征，以及执行所需要的产品拆解应当遵循的规则。此外，他们还提出了一种基于多传感器的协同机器人交互式拆解系统框架，以便用于规划拆解任务中对象的检测和移动。该系统使用视觉和力传感器来跟踪拆解轨迹，并通过若干种类型组件的拆解实验进行了验证。

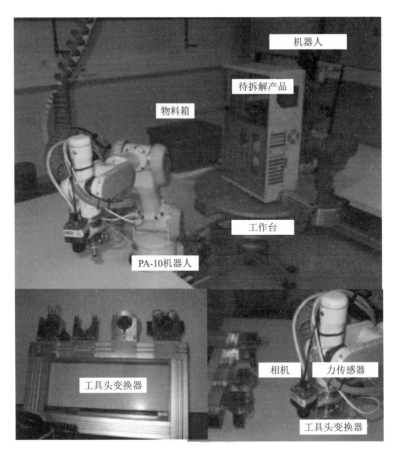

图 1-17 多机器人协同拆解

Seliger 等人为了解决二手产品拆解过程中的手工操作率低、使用工具种类多等问题，开发设计了模块化的拆解过程和工具[49-50]。Schumacher 等人设计了一种用于拆解操作的力传感工具，该工具可安装在三轴平移运动机器人上，并通过机器人进行程序化拆解操作，是一种低成本、灵活的拆解工具[51-52]。

国内学者在拆解技术方面也有研究。李艳芳提出了将机器人应用于报废汽车的处理过程，设计适用于报废汽车拆解的机器人工具，通过对机器人编程，实现报废汽车拆解的自动化[53]。高文锐等人设计了一种具有容差能力、可针对不同规格圆柱头螺钉进行操作的螺钉拆解工具，并着重对十字滑块、校正片弹簧以及工具整体的动态响应性能进行了设计与分析，提高了工具设计的紧凑性，扩展了工具在航天领域的使用范围[54]。沈宇槛提出了针对机器人工作头的电机控制研究，该工作头可以作为机器人的末端执行器，大大提高了报废汽车的拆解效率[55]。

用于机器人自动化拆解设备上的拆解工具也是十分重要的组成部分，其直接关系到自动化拆解作业过程中的成功率和可靠性。Zuo 等人[56] 设计了一种用于拆卸 CRT（Cathode Ray Tube，阴极射线管）显示器后盖的快速分离工具（如图 1-18 所示），由于这种废旧 CRT 显示器外壳只有材料回收价值，因此可以通过局部破坏的方式来进行拆解，该工具就是通过将紧固螺钉的区域进行破坏，从而实现快速拆解。Sanchez 等人[57] 设计了一种用于报废汽车拆解的复合工具，该工具安装在工业机器人上，可以同时完成拆除螺栓、切割连接件的复合任务，同时对作业过程还能够进行力信号反馈，以便控制系统进行判断和决策（如图 1-19 所示）。

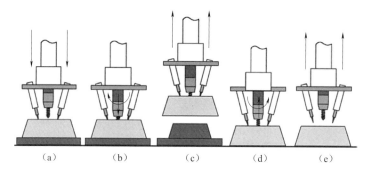

（a）　　　　　（b）　　　　　（c）　　　　　（d）　　　　　（e）

图 1-18　CRT 显示器后盖拆卸分离工具

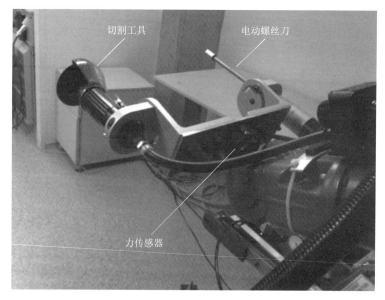

图 1-19　机器人末端复合拆卸工具

（2）自动化拆解中的检测与控制

在自动化拆解系统及机器人拆解系统中，检测与控制起着重要的作用。对零件的位置及状况实时检测，才能保证拆解设备的正常运行。Cornelius 等人[58] 对基于多传感器的多功能拆解用机器人末端执行器进行了研究，开发了集成力传感器、视觉传感器，且可更换工具头的执行器。Gil 等人[59] 还对废旧产品中的线缆识别进行专门研究，采用彩色图像和深度图像方式对电器中连接线的空间定位分析，以便自动化拆解工具对其进行操作（如图1-20所示）。

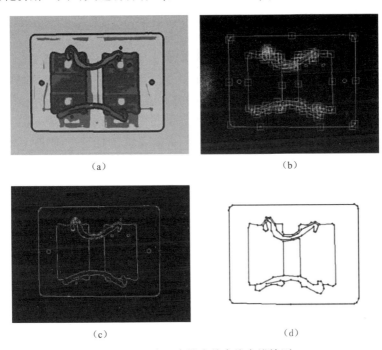

（a）　　　　　　　　　　　　　　（b）

（c）　　　　　　　　　　　　　　（d）

图 1-20　废旧电器中的电线电缆检测

KarLsson 等人[60] 采用图像处理和信号方法对废旧电机的拆解与回收进行了研究，包括电机端部的紧固螺钉的识别和定位，以及后续分选过程中不同物料的涡电流信号的识别。

除了拆解对象的检测和识别，自动化拆解过程中的控制更是系统的核心。控制问题可以分为两个层面，分别是上层的工艺控制和下层的设备参数控制。Supachai 等人[61] 采用认知机器人理论对拆解过程的控制方法进行了研究，在具体操作上采用强化学习算法和人工辅助相结合来解决意外情况的发生。从总体上看，在拆解过程中难以实现以无人化为目标的自动化操作，通过设备自身的知识库来解决一般性问题，人工辅助来解决特殊问题的方法是可行的。

（3）拆解线平衡与调度

与普通生产线类似，报废产品的拆解线也需要进行平衡性设计，以保证各操作工位上的闲置时间基本相同。但是由于报废产品的规格及状况差异较大，对此类问题的研究需要进行针对性分析。Shaaban 和 Mcgovern[62-63] 基于遗传算法和蚁群算法研究了拆解线平衡的优化设计方法，但是该方法没有考虑待拆解产品的多样性，因此缺乏工程性。Robert 等人[64] 提出了基于关联优先图来分析拆解线平衡性问题的方法，可以对产品的不同退役状况进行分析，但是对于报废产品的多规格和多样性问题没有进行分析。国内也有学者对拆解线的平衡问题进行了研究。西南交通大学对拆解线的任务分配模型进行了研究。郭秀萍和肖钦心[65] 针对双边拆解线的拆解任务分配方式进行了建模和分析，并设计了一种多目标变邻域帝国竞争算法来求解这种多目标优化问题。

对于拆解过程中的任务调度也有一些学者进行了研究。Lee 和 Kim[66-67] 分别采用分治算法和整数规划方法对拆解企业经营过程中的一些问题，如拆解过程中的采购、库存对整体成本的影响，以及如何优化进行了建模和优化分析，并提出了相关解决方法。Kimi 等人[68] 还采用动态工艺规划（Dynamic Process Planning）和关系数据库方式对不同拆解单元所组成的拆解系统的任务分配进行了实时调度和控制，这种方法更加具有工程上的实用性。

上述研究在小范围内或特定产品结构上具有指导意义，但是对于目前拆解企业所面临的多样化和多工况问题，单纯依赖一种模型和算法很难解决，必须在人工介入的情况下，采用数字化和信息化的手段，依托物联网等现代技术手段，才能在拆解线的平衡性设计和任务分配方面产生实际效果。

1.2.3 产品的主动拆解技术

产品的主动拆解技术是近年来出现的一种支撑面向拆卸的产品设计（Design for Disassembly，DFD）的新技术。它采用新型功能材料来制造连接元件和紧固件，当产品退役时，通过施加特定的外界物理环境（温度、磁场）等手段，使这些紧固件自动失效，从而使报废产品中的零部件得到分离。其中，出现较早的是基于记忆合金材料的紧固件。如刘志峰等人[69] 设计的基于形状记忆合金 SMA 的主动拆解装置（如图 1-21 所示），采用 SMA 制成驱动弹簧，当通电改变温度时，可以驱动卡扣零件分离。他们还对基于此类连接装置的产品设计方法进行了具体分析。[70-71]

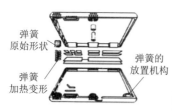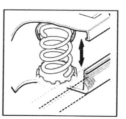

弹簧原始形状
弹簧的放置机构
弹簧加热变形

图 1-21　基于形状记忆合金的连接结构

除了形状记忆合金材料，形状记忆高分子材料近年来也得到了应用。Joseph Chiodo 等人[72] 设计了一种形状记忆高分子材料制成的主动拆解螺栓（如图 1-22 所示），当外界环境温度达到预设温度时，螺栓改变形状，从而提高产品的可拆解性。

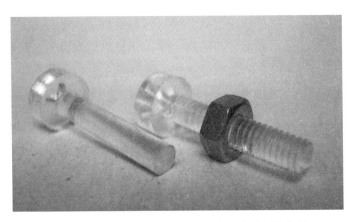

图 1-22　形状记忆高分子材料制成的主动拆解螺栓

Brunel 大学的 Chiodo 和 Jones 提出了一种由形状记忆高分子材料制成的智能卡扣结构[73]，图 1-23 是其工作原理，在温度变化时，卡扣形状发生变化，从而使原有的连接脱离。图 1-24 是安装了热变形卡口的塑料制品。国内学者刘志峰等人[74-75] 在形状记忆高分子材料的主动拆解技术及设计方法方面也进行了一些研究。

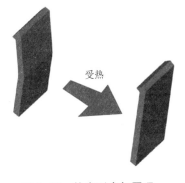

图 1-23　热变形卡扣原理

图 1-24　安装了热变形卡口的塑料制品

上述形状记忆合金与形状记忆高分子材料都采用了热激发方式，即通过环境温度的改变来触发连接组件的分离动作。除了这种热激发方式，Joost 等人还提出了基于电磁激发、压电激发、气动激发和水溶性激发等不同类型的主动拆解连接组件[76]。

图 1-25 是一种电磁激发式主动拆解卡扣连接，通过给内部的电磁线圈通电，使其产生磁力并吸合安装在卡扣上的铁片，从而实现卡扣脱扣的目的。该方式机构过于复杂，激发时仍然需要人工进行具体操作。

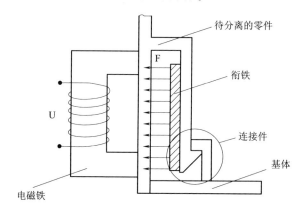

图 1-25　电磁激发式主动拆解卡扣连接

图 1-26 是一种压电激发式主动拆解卡扣连接，给卡扣臂上安装压电陶瓷片，在给压电陶瓷片施加高电压后，其产生的机械力会带动卡扣臂产生弯曲变形，从而发生脱扣动作。该方式同样存在着机构复杂和成本高的问题。

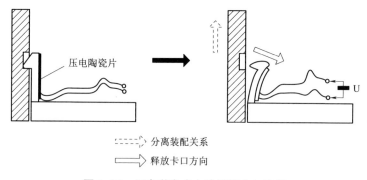

图 1-26　压电激发式主动拆解卡扣连接

图 1-27 是一种气动激发式主动拆解卡扣连接，给卡扣内部的空腔打入压缩空气，使内壁产生变形，从而使卡扣臂发生脱扣动作。该方法成本较低，可以在特定产品中应用。

图 1-28 是一种水溶性激发式主动拆解螺钉组件，螺钉下方的区域为水溶性高

分子材料，把待拆解组件放入水中后，水溶性部分产生溶解，从而使螺钉自动脱落。该方法成本较低，且容易制成标准件。

从上面的新型主动拆解结构或组件的原理可以看出，它们虽然可以实现特定条件下的主动拆解，但是无疑都增加了产品的设计和制造成本。另外，在正常使用条件下，因外部条件的偶然变化导致产品的功能失效也是一个需要考虑的问题。由于涉及技术标准、使用成本等问题，主动拆解技术还没有在产业界得到推广和应用，相信随着新材料的出现，主动拆解技术将会日臻完善，并在今后的产品设计和制造中得到应用。

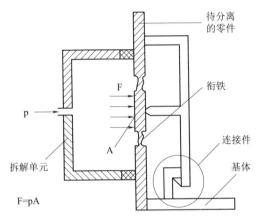

图 1-27 气动激发式主动拆解卡扣连接

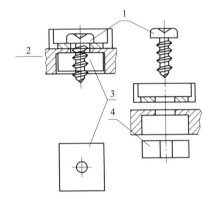

图 1-28 水溶性激发式主动拆解螺钉组件
1—螺钉；2—被连接件；3，4—水溶体

1.2.4 面向拆解的产品设计

在产品的可拆解性设计方面，国内外的学者也进行了大量研究。与此类似的还有面向回收的产品设计（DFR）和面向可持续性的产品设计[77]。如果在产品的设计阶段就充分考虑到产品退役之后的拆解和回收，则给其后续处理带来很大的便利。

Matthew 和 Hasan 对不同品牌的个人电脑进行了统计分析，根据其拆解的难易对个人电脑的设计提出了若干设计准则，如避免使用铆接、胶水和环氧树脂，简化面板设计，提高紧固件的空间可达性等[78]。

Pedro 等人提出了面向拆解的产品再设计理念和基本流程（如图 1-29 所示），当产品按照常规方法设计完成后，按照易于拆解的要求，对产品进行再设计。其工作内容包括材料的选择、紧固件和连接件的重新确认，以及产品结构和零部件的再设计[79]。这种再设计可以减少零部件的数量，并使产品在回收阶段中的拆解时间大幅度降低。Froelich 等人[80] 以报废汽车的拆解为例，对面向拆解的产品设计从材料、连接件、结构设计三个方面进行了分析。VanSchaik 等人[81] 也从便于拆解和破碎处理的角度，对报废汽车的零件设计进行了研究。

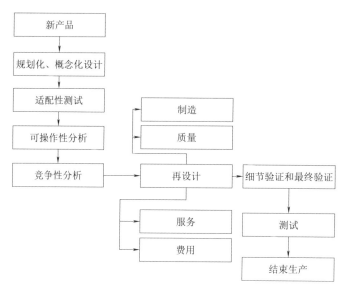

图1-29 面向拆卸的产品再设计方法

Takeuchi 等人[82-83] 对于模块化产品的结构化设计，特别是其面向拆解的设计进行了优化设计研究。一些计算机产品和通信产品在进行结构设计时，需要充分考虑其在实现功能的前提下，保证后续的维修和拆解回收处理。其空间布局的优化设计，在减小空间的同时也提高了产品的可拆解性（如图1-30所示）。

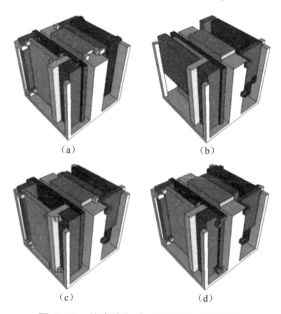

图1-30 结合空间布局的可拆解性设计

对于产品设计的可拆解性评估也是十分重要的，这样在设计阶段就可以针对不同的设计方案进行比较。Aslain 等人[84] 对面向拆解的设计提出了一种多参数评估方法，其基本思路如图 1-31 所示，通过对紧固件进行分类定义，并建立不同连接方式的量化指数，从而对整个产品的拆解难度进行量化评价。

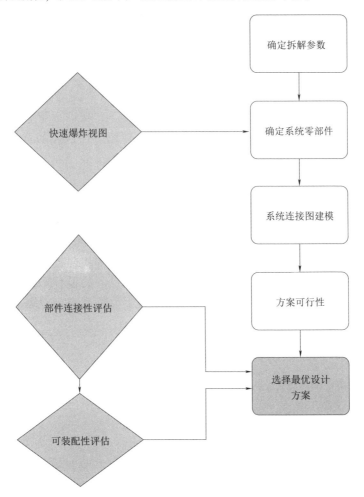

图 1-31　面向拆解的设计评估

Osmar Possamai 等人给出了一种相对简化的可拆解性计算模型，以及进行可拆解性设计的若干准则。Cappelli 等人[86] 对产品设计阶段的拆解序列优化问题进行了研究，从而在设计阶段简化其退役之后的拆解问题。

产品的可拆解性设计同样离不开信息技术的支持。Wakamatsu 等人[87] 提出了一种早期的可拆解性设计支持系统的概念。Afrinaldi 等人[88] 基于产品的三维模型进行了可拆解性设计和评价的框架模型，并实现了软件的原型。Claudio Favi 等人[89]利用云平台和知识库进行产品的可拆解性设计，并试图在设计企业和回收企业之间共享产品的拆解知识，从而提高产品的可拆解性。

1.3 机电产品绿色高效拆解面临的主要问题

1.3.1 拆解过程的经济性与效率

面向产品回收的拆解过程以及装备和工具的使用，必须考虑到整体的经济性，即在综合考虑成本、收益以及政府税收政策的前提下，保证拆解企业是有利可图的；否则，作为一种经营行为，企业发展就无法持续。在这样的背景下，高成本的自动化系统往往难以施行，而以提高效率为目标的高效工具和辅助设备可能更加符合工程实际。

从技术层面，首先要解决废旧产品拆解中的知识管理与表示。由于拆解企业需要面对众多不同品牌、型号、规格的产品，因此获得正确的拆解知识并及时将其传递给一线的操作工人可以大大提高产品拆解的效率和质量。

同样，由于品牌、型号、规格众多，特别是同一种规格的产品由于使用工况的不同，其拆解要求也有很大的差异性，这给拆解设备的设计和控制带来了很大的困难，因此如何在提高拆解效率的同时，不至于大幅度提高设备复杂度和设备成本就显得十分重要。

1.3.2 拆解过程的资源利用

对废旧机电产品的拆解回收按照不同的工艺路线，会产生不同的资源利用效果，同样经济效益也是不同的。

图1-32是报废汽车的材料类型与处理方法。其中废车身、废电缆、废铜、废铝等都可以通过破碎和分选处理，加工成再生资源重新回到工业领域中进行利用；废铅酸电池、废润滑油、废液（冷却液）等有害固体、液体和气体都归入危废，应当送到专门的危废处置企业进行无害化处理；发电机、起动机都可以进行再制造，再制造之后的产品可以进入维修市场中进行再利用；废燃油在收集过滤后，可以直接再利用。图1-32所描述的只是目前的一般性处理路线，随着技术的升级，目前有些企业也开始对变速箱、发动机进行再制造。

在不同的国家和地区，对报废汽车的处理工艺路线是不同的，各国应当结合自己的具体国情设计出合理的处理工艺和处理方案[90]。首先是对可再制造和再利用的零部件进行拆解，然后对剩余部分进行破碎和分选作业，并从中提取出可作为再生资源的成分。从实际情况来看，这种处理方法，最后会生成一定比例难以处理的固体废弃物。如果在拆解阶段进行有效识别和拆解，则可以大大降低后续固体废弃物的比例。因此，在设计工艺路线时，综合考虑污染控制和资源化利用率是十分必要的。

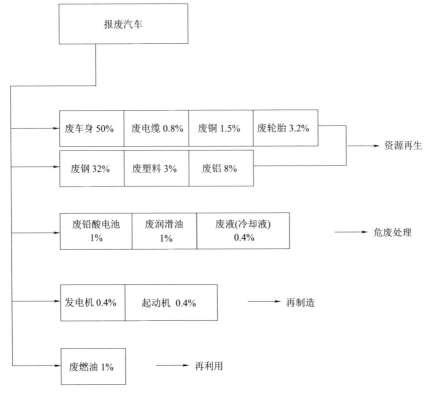

图1-32 报废汽车的材料类型与处理方法

1.3.3 拆解过程的环境保护与污染防控

废旧产品的拆解回收本身是为了解决产品退役造成的污染问题，但实际上如果拆解工艺和技术体系不够合理，就会在拆解回收环节造成二次污染，而且这种二次污染的后果也更为严重。为此，在技术上要尽量采用较为先进的处理工艺和处理装备，通过先进的工艺来实现污染防控。以废旧电路板的处理为例，传统上采用加热处理的工艺手段，该方法虽然高效，但往往会造成溴化物以及重金属烟尘对大气的污染。而采用机械分离加湿法工艺就可以大幅度降低其对大气环境的污染，另外在政策方面，政府应当通过强制性标准来控制拆解企业的准入门槛，并施行严格监管，从而保证拆解企业在处理废旧产品的过程中不会产生新的污染。

1.4 本章小结

从对工业社会发展背景下的产品退役报废及其对社会和环境的影响入手，分析了制造业在环境和人类社会之间的相互作用，分析了废旧产品拆解回收的社会意义和经济意义。接着从拆解理论与拆解策略、自动化拆解技术、产品的可拆解设计三个方面介绍了国内外相关理论和技术的发展现状。最后讨论了废旧产品拆解领域中应当重点关注和解决的理论与技术问题。

第2章
机电产品的拆解建模与拆解策略

无论是采用基于人工操作的半自动化拆解作业还是采用高度自动化的拆解作业，都需要对待拆解对象进行一定层次的建模分析，并在此基础上给出相应的评价方法，进而提出合理的拆解策略和拆解工艺，才能最终保证拆解企业的综合经济效益。本章在介绍目前已有方法的基础上，结合具体报废机电产品的特点，提出了一些具体的建模方法和评价策略。

2.1 机电产品拆解与回收处理的评估方法

2.1.1 拆解的经济性评价

图 2-1 表示机电产品从制造到回收拆解的基本流程。产品的制造是从原材料到产品的过程。而当产品的使用过程结束后，首先需要通过逆向供应链将其集中到回收企业，然后进行拆解处理。拆解得到的物料可以作为再生资源进行再利用，部分可再利用的零部件可进行再制造并重新投入产品的制造或维修过程中去。

由于参与上述活动的主体仍然是按照市场规则运行的企业，因此在对机电产品的拆解过程进行规划时，必须对其市场因素、环境因素进行全面评估，废旧产品拆解处理企业才能在符合政策要求的前提下实现经济收益。具体分析方法将在第 3 章中结合具体的工艺和布局形式来说明。

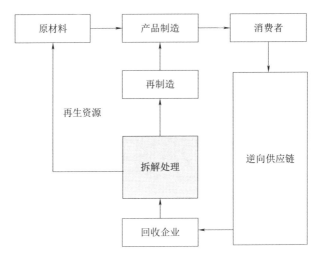

图2-1　机电产品从制造到回收拆解的基本流程

2.1.2　环境影响因素评估

评估环境影响因素包括对环境的影响、对资源（包括能源）消耗的影响和对工作环境的影响三项指标。对输入输出清单进行分析，以边界条件为基础，定量分析材料寿命周期中的能源、资源需求以及材料范畴下排放出来的废气、废水、废渣、振动、噪声，并将定量分析结果编列成表进行对比评估。目前主要从以下三个方面进行分析和评估：

（1）废水产生指标

废水产生指标首先要考虑的是单位产品的废水产生量，因为该项指标最能反映废水产生的总体情况。对于废旧产品的拆解企业而言，在拆解作业过程中产生废水的可能性不大。废水的主要来源是产品存储不当造成的自然积水，或者是产品自身所携带的冷却液等。对于前者，应当通过避免露天存放来解决；对于后者，应当通过合理的预处理设备来收集，并转运到专门的处置企业来进行回收处理。

（2）废气产生指标

废气产生指标和废水产生指标类似，也可细分为单位产品废气产生量指标和单位产品主要大气污染物产生量指标。为了满足废气指标，在拆解作业中必须选择合适的工艺和技术，尽量采用机械物理方式进行拆解作业，并配备专业化的废气回收设备和装置[91-92]。

（3）固体废物产生指标

这里的固体废物主要是指无法再利用的废弃物，需要通过填埋或焚烧等方式进行处理的拆解终产物。它又可进一步分为一般废弃物和危险废弃物，对于危险废弃物，必须严格按照国家相关标准进行回收和处置[93]。

2.1.3　资源利用与能耗

（1）资源利用

从资源利用的角度来看，废旧产品的回收处理可以用正负两个指数来进行评估[94]。其中对于原生资源的消耗按照负指数进行计算，包括回收处理过程中水、煤炭等资源的消耗指数，还包括零部件再制造过程中对于稀土等资源的消耗。对于不同的资源，可按照其自然储量来设定权重系数。同时对于再利用过程中产生的再生资源以正指数进行计算，按照所生成的再生资源的类型、价值来设定权重系数。其计算方法如式（2-1）所示：

$$R = \sum_{i=1}^{m} Q_i \cdot C_i - \sum_{j=1}^{n} Q_j \cdot D_j \qquad (2-1)$$

式中：R 为评估指标；Q_i 为处理过程中所产生的第 i 项再生资源的质量，C_i 为对应的权重系数；Q_j 为处理过程中消耗的自然资源的质量，而 D_j 为对应的权重系数。

（2）能源消耗

以报废汽车为例，由于报废汽车回收处理过程涉及拆解、运输、再制造、破碎、材料处理等多个环节，其中消耗的能源包括了煤炭、石油、天然气等一次能源，也包含了电能等二次能源，因此直接计算能源消耗较为困难，对此可采用目前国际通用的碳排放指标来进行度量和评估。目前绝大多数的工业过程和工艺技术都给出了碳排放的计算方法和折算因子。此外，碳排放虽然不完全等同于能耗，但是与能源消耗是成线性相关的。

一般报废汽车的回收与再利用过程可以用图2-2来表示，其中各工艺环节的碳排放指数分别为P1，P2，P3，P4，P5。报废汽车回收处理的后端会产生大量的固体废料，如废玻璃，如果将其回炉生产新玻璃，即便忽略运输成本，其重新熔炼的碳排放水平也远远高于加工成再生资源产品的碳排放水平。因此对于废玻璃而言，可以将其加工成玻璃粉，然后进一步利用。

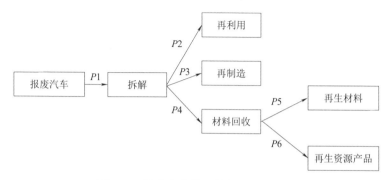

图2-2　报废汽车的回收与再利用过程

报废汽车的拆解与回收首先应当符合一般性工业企业对环境影响的要求，并在此基础上建设相关的环境保护设施。但是也不能笼统地将报废汽车看成有害固体废弃物，从而对报废汽车处理企业严加限制。报废汽车一方面是含有有害废物的退役产品，另一方面又是含有再生资源的城市矿山。因此，一方面要对报废汽车中有害物质的种类、处理工艺作出明确的规定，另一方面又要提倡回收企业通过新工艺、新技术来提高报废汽车回收处理过程中的资源再利用率，同时降低回收处理能耗，从而为全社会的可持续发展作出贡献[95]。

2.1.4 生命周期评估

产品生命周期的概念早期来源于市场营销，也就是产品的市场生命周期，是指产品的开发、投产、成长、成熟到最终走向衰亡并完全退出市场的过程（如图2-3所示）[96]；后来随着可持续发展理念的出现，产品生命周期的概念从市场概念扩展到了具体产品从需求分析、设计、制造、使用、维修到最终回收处理的全过程，一般可定义为产品的使用生命周期。这两个过程在内涵和时间上看是不重合的，产品的市场生命周期一般是指产品大类的市场过程，而产品的使用生命周期一般是指具体产品的使用、退役和回收的全过程。

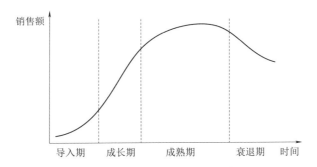

图2-3 产品生命周期的一般过程

不同领域的产品，其市场周期和使用周期有着很大的区别。有的产品从大类来说，自其出现以来就从未进入衰退期，只是随着技术的发展在产品小类上不断更新换代，如汽车、电梯等产品；当然在其产品大类中，随着局部技术的发展，某些部件也存在上述市场周期。而有的产品则随着新发明的出现被迫提前退出市场，如磁带式随身听被更小巧的MP3所替代。早期生产的随身听产品能够完成全部使用寿命，而处在市场替换期所生产的随身听产品尽管使用寿命没有结束，但是也被迫提前退役，其实质是产品的市场生命周期已经结束。对于这个阶段的此类产品，即便能够有效地进行再制造，但从市场角度看已经没有任何实际意义。因此，必须从产品生命周期的角度对废旧产品的可再制造性和再制造策略进行综合分析和评估。

再制造的目的是使退役产品在恢复质量与功能后重新进入使用环节,但是从社会发展和技术更新的角度看,满足某种功能的具体产品随着技术的发展也在不断地更新换代,即遵循产品生命周期的发展规律。

对此,可以用图2-4所示的基于产品生命周期的再制造策略模型[97]。例如,对于汽车一类的产品,虽然其大类在进入成熟期后一直在稳步发展,但是代表局部技术的总成和部件仍然在更新换代。此外,随着消费者时尚理念的变化和制造企业的市场策略,汽车制造企业每隔3~5年就会对一款具体车型推出其换代车型。相对于上一代车型,新车型主要在外观、内饰和配置方面进行重新设计和提高。因此,对于具体车型仍然存在相对完整的市场生命周期,在图2-4中用Ⅰ、Ⅱ、Ⅲ进行表示。而产品的使用生命周期一般要大于其市场生命周期,当产品完成使用寿命后就开始进入退役过程。这里用类似于市场生命周期的方法定义产品的退役周期。以第一代产品的退役周期为例,在图2-4中用Ⅰ′表示,两个峰值之间的距离是该产品的额定使用寿命,同时Ⅰ′的峰值也是该产品的退役高峰。由于部分产品提前退役和部分高质量产品的延后退役,产品的退役周期曲线的分布区间要大于产品的市场周期曲线。从产品的退役周期曲线可以看出,在退役期间市场上正在销售的可能是其同代产品也可能是换代产品。如果面对的是换代产品,此时对退役产品进行再制造,虽然在技术上可行,但是在市场上是没有生存空间的。

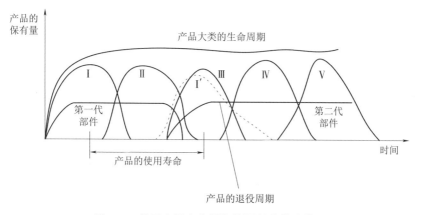

图2-4 基于产品生命周期的再制造策略模型

结合图2-4所示的产品生命周期模型,可以分析出产品再制造模式的三种情形的决策模式,如图2-5所示。第一种是退役产品与当前市场正在销售的主流产品在技术上仍属于同一代产品,且经过再制造过程回到市场后仍满足企业的成本利润条件,即可对其进行再制造处理。如果不是同代产品,则判断其是否可通过更换部件的方式来升级;如果该方式可行,且成本利润满足企业要求,则可以通过升级再制造后重新进入市场;如果该方式不可行,则判断其通用部件或模块再制造后是否与在售产品为同代产品,如果是同代产品,且成本利润满足要求,则可作为部件再制造来处理。

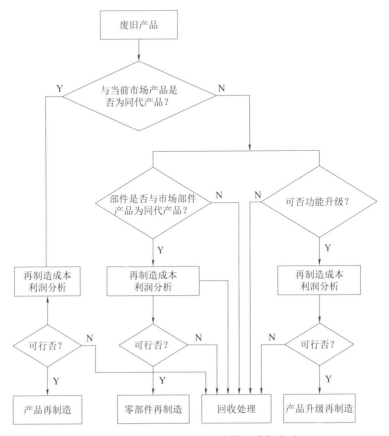

图 2-5　废旧产品的再制造模式选择方法

2.2　废旧机电产品的可拆解模型

2.2.1　基于图理论的可拆解模型

目前对废旧产品的可拆解模型的表达方法主要有有向图模型、无向图模型、混合图模型、Petri 网模型，以及装配关系矩阵模型。上述的图模型和矩阵模型都是以废旧产品的 CAD 模型为基础的。在这些图模型中，混合图模型的建模方法是一种认可度较高的方法。因为这种方法的建模过程相对简单，所包含的信息也比无向图要全面。它不仅表示了零部件之间的连接信息，也表示了相互间的遮挡关系，因而便于利用智能优化算法来规划其拆解路径。

从目前的应用情况来看，结合无向图和有向图的混合图模型能够较好地表示产品的可拆解模型，并基于该模型推导出产品的拆解序列。图2-6（a）所示的产品模型可以用图2-6（b）所示的混合图模型来表示[98]。

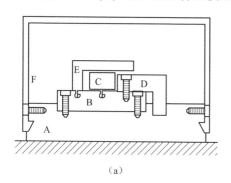
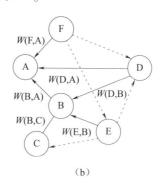

（a）　　　　　　　　　　　　　（b）

图 2-6　基于混合图的可拆解模型

该混合图模型所对应的邻接矩阵和优先关系矩阵分别为 G_c 和 G_p。其中 G_c 中不为 0 的元素 G_{ij} 表示第 i 行所对应的零件和第 j 列所对应的零件存在连接关系。这种关系可能是简单的相连，也可以是一定的配合关系，其拆解成本用元素的值来表示。优先关系矩阵 G_p 中不为 0 的元素表示 i 行对应的零件对 j 列对应的零件之间存在着优先关系，必须首先分离该零件。

$$G_c = \begin{bmatrix} 0 & 3 & 0 & 3 & 0 & 0 & 0 \\ 3 & 0 & 1 & 0 & 0 & 1 & 1 \\ 0 & 1 & 0 & 3 & 2 & 0 & 0 \\ 3 & 0 & 3 & 0 & 0 & 1 & 2 \\ 0 & 0 & 2 & 0 & 0 & 0 & 0 \\ 0 & 1 & 0 & 1 & 0 & 0 & 0 \\ 0 & 1 & 0 & 2 & 0 & 0 & 0 \end{bmatrix} \quad G_p = \begin{bmatrix} 0 & 0 & 0 & 0 & 0 & 0 & 0 \\ 1 & 0 & 0 & 0 & 0 & 0 & 0 \\ 0 & 0 & 0 & 0 & 1 & 0 & 0 \\ 0 & 0 & 0 & 0 & 0 & 0 & 0 \\ 0 & 0 & 0 & 0 & 0 & 0 & 0 \\ 1 & 0 & 0 & 0 & 0 & 0 & 0 \\ 1 & 0 & 0 & 0 & 0 & 0 & 0 \end{bmatrix}$$

2.2.2　基于图模型与产品数据的可拆解模型

目前在废旧产品的拆解领域中，国内外的学者已经开展大量的研究，但是这些研究大多集中在如何建立高效算法来规划产品的拆解序列。也有一些学者采用产品的 CAD 模型来建立可拆解模型，并依此进行拆解序列的规划，但是这种方法从目前废旧产品拆解回收的实际情况来看是有所欠缺的。因为废旧产品由种类不同的材料制成，其连接强度、拆解方式，特别是采用部分破坏式拆解方法的工具和手段都不相同。因此，必须将这些材料信息、装配信息等附属信息也添加到废旧产品的可拆解模型中去。

但是对于报废汽车这类零件众多，特别是零部件的材料类型多且回收方法不同的废旧产品而言，仅仅采用上述的混合图模型是难以胜任的。因此，本书在混合图模型的基础上提出了基于 DBOM（Disassembly Bill of Material，拆解物料清单）可拆解模型表示方法[99]，其基本结构如图 2-7 所示。

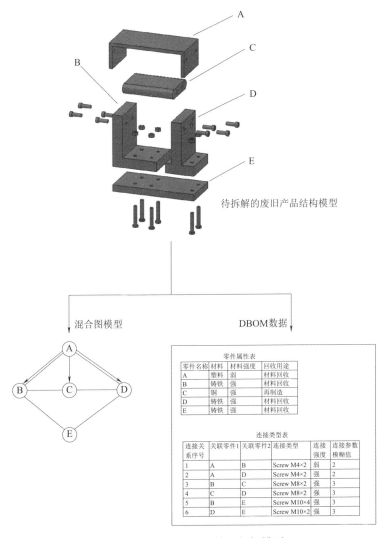

图 2-7 基于 DBOM 的可拆解模型

根据上述原理可以建立报废汽车的可拆解模型。报废汽车零件众多，以一辆普通的小型乘用车为例，其零件数量就达到 5 000 多个。对这 5 000 多个零件逐一建立图模型不仅十分困难，也是不必要的，因为报废汽车的拆解是以主要部件作为拆解对象来进行处理的，特别是作为再制造对象的零件一般为发动机、变速箱、发电机、启动电机，其余零部件要么作为可再用件直接进入维修市场，要么作为材料进行回收利用。

报废汽车可拆解模型是以零部件的 DBOM 信息为主，重点记录其属性参数，如制冷剂的类型、发电机电压以及拆解该零件所用拆解工具的参数信息，如回收制冷剂时所需要调整的压力参数。报废汽车可拆解模型的基本结构如图 2-8 所示。

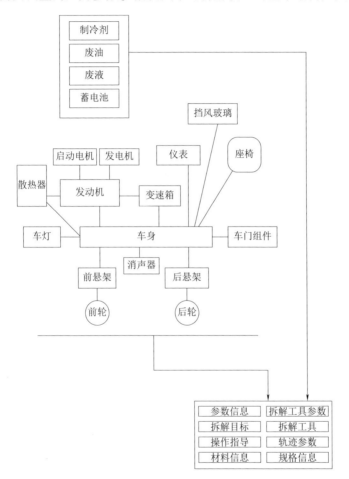

图 2-8　报废汽车可拆解模型的基本结构

对于每个零件要标记其拆解目标，该信息在可拆解模型中为空值，在拆解过程中由辅助拆解工艺规划系统根据车况诊断信息进行判断。主要的拆解目标包括再制造、再利用、材料回收。

对于主要零件的分离方法和分离过程，系统主要根据车辆制造企业提供的相关资料来生成操作指导和视频文件，并将其保存在服务器上以便调用。

2.2.3 基于语义网的可拆解模型

语义网是一种通过基本语义单元来表示知识的方法，随着互联网的发展得到了快速发展，在网页知识建模、搜索领域得到了快速发展，目前在产品装配、虚拟现实等领域中也得到了应用[100]。

语义网络一般由一些最基本的语义单元组成。这些最基本的语义单元被称为语义基元，可用三元组来表示：（节点1，弧，节点2）。

在产品的可拆解模型方面，也可以引入语义网，提高拆解过程的自动化程度。在可拆解模型的表示中，可以用节点来表示零部件，零件的属性信息也可以用节点来表述，用弧来表示零部件之间的语义关系。根据语义网的基本规范，可以定义出以下的关系：①组成关系，一个部件由若干零件组成。②位置关系：两个零件在空间上的装配关系，如上下左右，在内部或在外部等。③属性关系：零部件自身的参数和材料，包括其自身的体积、规格，以及材料构成的因素。图2-9所示的产品结构可以用图2-10所示的语义网模型来表示。

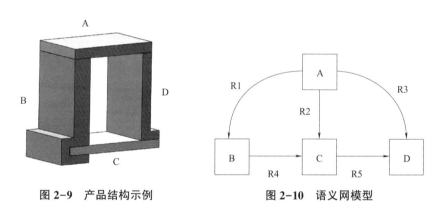

图2-9 产品结构示例　　　　　　　图2-10 语义网模型

语义网的建模可以通过专门建模工具来实现，并转化为对应的 OWL 语言文件。图2-11是用 Protégé 建模工具所建立的产品结构语义网模型。

在基于语义网的可拆解模型中，可以将已有的语义网表示成知识库进行保存，然后根据当前所得到的产品结构信息与知识库中的语义模型进行匹配和变换，以生成符合当前条件的语义网模型，并根据该语义网模型进行推理和表示，从而生成符合要求的拆解序列（如图2-12所示）。

采用语义网来表示产品的可拆解模型，便于和目前正在发展的机器视觉和人工智能进行结合。而这些技术对于解决机电产品拆解过程中的不确定性问题具有独特的优势。采用图像处理和模式识别后，用语义分割技术对图像中的特征对象进行表述，就可以联合已经建立的产品的语义网模型，对产品的拆解序列进行决策。

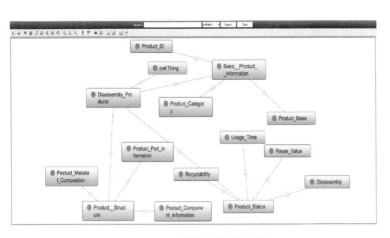

图 2-11 产品的语义网建模

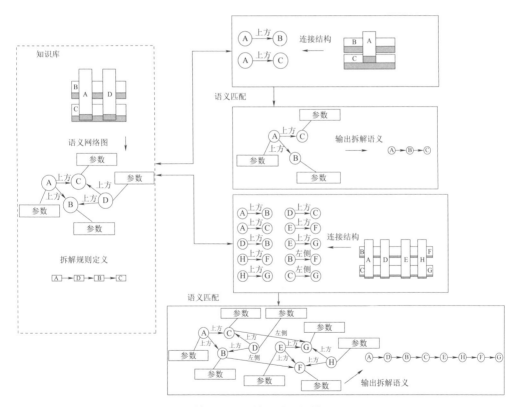

图 2-12 基于语义网模型的拆解模型及知识库

2.2.4 拆解成本的表示

拆解成本是拆解理论研究的关键内容之一。目前，多数研究学者在对拆解成本进行量化时主要采用记录拆卸动作所耗费的时间以及动作执行的次数的方法[101-102]。而对于报废汽车一类具有较多零部件的机电产品而言，特别是在某些零件需要采用破坏式拆解的情形下，这种简单计数的成本模型就难以在工程实际中加以应用。为此，本书提出一种基于模糊理论的拆解成本模型及其表示方法。

在工程应用中，对零件拆解的成本很难用精确量化模型来表示。即便是同一个连接部位的拆卸，因为使用状况的不同（如发生锈蚀、堵塞等），其拆解难度和拆解成本也是不同的。用基于模糊理论的模糊语义来表示拆解成本既符合实际经验，也便于在工程实际中应用。

在模糊集理论中，用来表示模糊数的隶属度函数有多种不同的形式，如正态隶属度函数、高斯隶属度函数、三角形隶属度函数等。其中三角形隶属度函数具有计算方便、便于建模的优点。本书也采用三角形隶属度函数来表述拆解过程中的模糊变量。三角模糊数可以用一个三元组（a，b，c）来表示，如图 2-13 和式（2-2）所示。

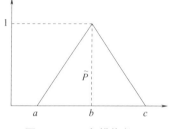

图 2-13　三角模糊数

$$\widetilde{P}(x) = \begin{cases} 0, & x \leq a \\ \dfrac{x-a}{b-a}, & a \leq x \leq b \\ \dfrac{c-x}{c-b}, & b \leq x \leq c \\ 0, & x \geq b \end{cases} \quad (2-2)$$

在模糊变量的计算过程中，模糊数之间的运算遵循以下规则：

模糊数加法如式（2-3）所示：

$$\widetilde{P}_1 \oplus \widetilde{P}_2 = (a_1+a_2，b_1+b_2，c_1+c_2) \quad (2-3)$$

模糊数与实系数相乘如式（2-4）所示：

$$\lambda \otimes \widetilde{P} = (\lambda a_1，\lambda b_1，\lambda c_1) \quad (2-4)$$

对于一个废旧零件的拆解过程而言，不同的连接方式其拆解难度和拆解成本可用模糊论域来表示。如卡扣式连接可以手工分离，在时间和工具上的成本都不高；而轴承的拆解需要专用工具，而且工作时间较长。对于这种不同的难易程度和工具成本，本书采用五级模糊集合来表示，即"极低、低、中、高、极高"。模糊数"极低"用来描述仅由两个零件的表面相互接触形成的连接，即其中一个零件可以直接分离。模糊数"低"用来描述卡扣式连接，这种类型的连接常用在电子产品中。模糊数"中"用来描述使用紧固件形成的连接，如两个零件通过螺钉或螺栓连接，一般需要专用工具才能分离零件。模糊数"高"用来描述较难拆解的连接，如轴承和轴之间的连接，需要液压工具才能进行拆解。模糊数"极高"用来描述比模糊数"高"强度更大的连接。

为了便于说明，用图2-14所示的产品结构模型作为连接关系模糊建模的描述对象。

图2-14所示的产品结构模型，可以用图2-15所示的混合图模型来表示。其中无向边表示零件之间有连接关系，而有向边表示零件之间存在优先关系，箭头从优先级高的零件指向优先级低的零件。其零部件之间的拆解强度信息可用表2-1表示。

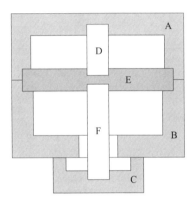

图2-14　产品结构模型

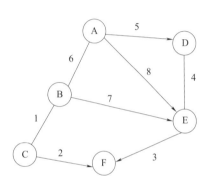

图2-15　产品的混合图模型

表2-1　连接强度的模糊数

连接编号	模糊变量	模糊数元素
1	低	0, 0.2, 0.4
2	很低	0, 0, 0.1
3	低	0, 0.2, 0.4
4	低	0, 0.2, 0.4
5	很低	0, 0, 0.1
6	很低	0, 0, 0.1
7	很低	0, 0, 0.1
8	很低	0, 0, 0.1

由于零部件之间存在着遮挡关系，即只有当某个零件先被拆除后，才能拆除其他零件，这种零件称为优先零件。对于图 2-14 所示的产品模型，其优先关系可用表 2-2 所示的优先关系表来描述。

表 2-2　零部件优先关系表

序号	零件	优先
1	A	
2	B	(A & E) or C
3	C	
4	D	A or E
5	E	(A & D) or (B& F)
6	F	E or C

模糊变量的分布区间是由所描述对象的实际情况和隶属度函数的特点来确定的，一般称之为模糊集合。模糊集合的确定是进行模糊成本建模的关键所在。目前存在多种方法来构建模糊集合，如统计法、实例法和专家经验法。在拆解实践中，专家经验法是一种可行的做法，但是某个专家往往只熟悉少数产品的拆解，对于不熟悉的产品就很难进行拆解成本的模糊语义表示。另外，依据专家经验建立的模糊集合往往会产生较大的偏差。对于结构复杂、使用状况难以统一描述的机电产品，尤其是报废汽车来说，完全通过专家经验来建立零部件之间的连接关系的模糊集合是缺乏实际可行性的。为此，可以采用模糊聚类的方法来建立相应的模糊集合[103]。

模糊聚类是将实验方法获得的样本数据按照一定的规律或者要求区分类别，区分的依据是样本之间的相似性，聚类的结果是相似的样本归为一类，不相似的样本归化到不同的类别中。模糊聚类是将模糊数学原理引入聚类产生的，不同于传统聚类的硬划分方法，模糊聚类更偏向于软划分。模糊聚类中的样本并没有明显的 0-1 属性即非此即彼的属性。模糊聚类采用隶属度来衡量样本归于某一类别的程度，隶属度是一种不确定性，表示样本属于类别的可能性。模糊聚类分析的目的是将多维的研究样本划分成若干类，然后通过度量样本之间的相似性采用适当的聚类方法实现类别的划分。

首先对典型连接类型的拆解成本指标信息进行采集，选取若干拆解操作作为数据样本，对其进行拆解成本的表征，主要包括拆解时间、拆解力矩、工具费用、能源消耗。这里以常见的单级减速器为产品对象（如图 2-16 所示），对零部件的连接关系的强度信息进行数据采样，将其作为模糊聚类分析的原始样本数据（如表 2-3 所示），并整理为原始数据矩阵。

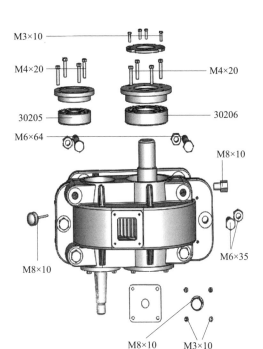

图 2-16　减速器中的待拆解零件关系

表 2-3　拆解成本原始数据

指标		I_1	I_2	I_3	I_4	
编号	拆解零件	拆解时间/s	拆解力矩/（N·m）	能源消耗/J	工具费用/T	注释
D_1	M8×10	5.8	1.25	125.6	8	油标尺
D_2	M3×10	7.2	1.25	157	5	毛毡挡片螺钉
D_3	M3×10	6.6	1	125.6	5	观察窗定位螺钉
D_4	M8×10	10	1.50	113.04	8	观察窗透气孔螺栓
D_5	M8×10	8.9	7	351.68	8	放油螺栓
D_6	M6×64	23.7	6.75	1 780.38	42	上下箱体紧固螺栓1
D_7	M6×35	20.7	6	1 318.8	33	上下箱体紧固螺栓2
D_8	M4×20	10.9	14	2 512	18	端盖（透盖）固定螺钉
D_9	M4×20	8.3	13	2 332.57	18	端盖（闷盖）固定螺钉
D_{10}	30 205	1.2	0.26	24.5	13	圆锥滚子轴承间隙配合1
D_{11}	30 206	1	0.34	37.37	17	圆锥滚子轴承间隙配合2

注：表中 T 为使用拆解工具单位次数内的费用，即工具价格/（额定寿命·次数）。

其次，为了消除个别指标最大值和最小值对分析结果影响的不均匀性，同时也避免量纲对模糊分析的影响，采用最大值最小值规范化方法对样本数据进行处理，其计算如式（2-5）所示：

$$X_{ij} = \frac{A_{ij} - \min_j}{\max_j - \min_j}, \quad (j = 1, 2, 3, 4) \tag{2-5}$$

式中：$\max_j$，$\min_j$ 分别为第 j 列（第 j 个指标）的最大值和最小值；A_{ij} 是原始数据；X_{ij} 为规范化之后的数据。

再次，为了构造拆解操作相似矩阵，对规范化的原始资料矩阵进行标定，采用最大最小贴近度法建立拆解操作之间的相似关系，其计算如式（2-6）所示：

$$R_{ij} = \frac{\sum\limits_{i=1}^{n}(X_{ik} \cap X_{jk})}{\sum\limits_{i=1}^{n}(X_{ik} \cup X_{jk})}, \quad k = 1, 2, \cdots, 11 \tag{2-6}$$

式中：$X_{i,k}$ 为原始资料矩阵规范化后第 i 行第 j 列的元素值。

最后，运用传递包法进行模糊关系计算，构造出拆解操作的模糊相似关系。经过模糊运算得到的模糊关系矩阵满足自反性、对称性和传递性。由隶属度函数矩阵进行聚类，采用模糊数学的阈值原理进行切割，将隶属度函数矩阵 $\boldsymbol{R}$ 转化为逻辑矩阵 $\boldsymbol{R'}$，如式（2-7）所示：

$$\boldsymbol{R} \rightarrow \boldsymbol{R}^2 \rightarrow \boldsymbol{R}^4 \rightarrow \cdots \rightarrow \boldsymbol{R}^{2^k} \rightarrow \cdots \tag{2-7}$$

$$r'_{i,j} = \begin{cases} 0 & r_{i,j} \leqslant \lambda \\ 1 & r_{i,j} \geqslant \lambda \end{cases}, \quad i, j = 1, 2, \cdots, n$$

$$\boldsymbol{R'} = \begin{bmatrix} 1 & 1 & 1 & 1 & 0 & 0 & 0 & 0 & 0 & 0 & 0 \\ 1 & 1 & 1 & 1 & 0 & 0 & 0 & 0 & 0 & 0 & 0 \\ 1 & 1 & 1 & 1 & 0 & 0 & 0 & 0 & 0 & 0 & 0 \end{bmatrix}$$

通过调整阈值得到动态聚类结果，如图 2-17 所示，并结合实际选择最佳阈值。当样本可分为五类时，依照拆解成本大小依次赋予拆解难度等级工程语义变量，即极高、高、中等、低、极低。这里同样采用三角形隶属度函数对各拆解难度等级进行描述。

为了建立基于三角形隶属度函数的拆卸成本的模糊论域，必须找到各

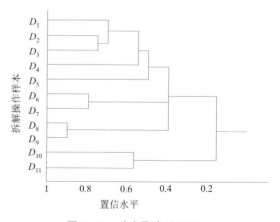

图 2-17　动态聚类结果图

子分类的聚类中心，即图 2-13 中的三角形模糊数 $\widetilde{P}$。将各类别所包含样本的均值作为聚类中心，聚类中心的计算如式（2-8）所示：

$$v_k^j = \frac{1}{n_j} \sum_{j=1}^{n_j} x_{i,k}^j, \quad k = 1, \ 2, \ 3, \ 4 \tag{2-8}$$

式中：v_k^j 代表第 j 类内所有样本第 k 个指标的均值；n_j 表示该类包含样本的数目；$x_{i,k}^j$ 为该类内第 i 个样本的第 k 个指标值。

用各个样本之间的欧氏距离之比来表示相对难度系数，如式（2-9）所示：

$$r_j = \frac{\sqrt{\sum\limits_{i=1}^{4} \left(I_{i,j} - I_{i,\ \min}\right)^2}}{\sqrt{\sum\limits_{i=1}^{4} \left(I_{i,\ \max} - I_{i,\ \min}\right)^2}} \tag{2-9}$$

这样各个连接强度类别可用相对难度系数界定隶属范围，结合工程实际进行调整，建立不同拆解成本的模糊集合，如图 2-18 所示。

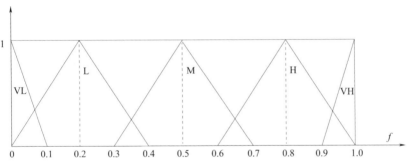

图 2-18　不同拆解成本的模糊集合

在最优拆解序列的搜索过程中，采用模糊成本方法对不同的拆解序列进行运算之后，必须对所得到的几条可能序列进行比较，这就涉及模糊数排序。目前已经有几种排列模糊数的方法，但即使最常用的重心法也只适用于对称模糊数。然而实际操作后的模糊数通常会变得不对称，所以我们用另一种方法排列模糊数。首先，所有的模糊数由式（2-10）解模糊化为实数：

$$i = \eta \times \frac{l+m}{2} + (1-\eta) \times \frac{m+u}{2} \tag{2-10}$$

式中：系数 η 由决策者主观决定，在这里设置 η 为 0.4，这代表着积极的状态；l，m 和 n 是在三角模糊数的隶属度函数中定义的三元素。

最后对这些实数进行排序即可得到最优的拆解序列。

2.2.5 基于三维 A* 算法的可拆解模型构建

目前在拆解过程中的拆解关系建模一般都是手动建模或部分手动建模，这大大影响了自动化处理的效率，如果能采用 CAD 信息进行自动建模会大幅度提高拆解过程中的信息化程度[104]。本书提出一种基于可达性分析的拆解序列规划方法，如图 2-19 所示。首先对产品的 CAD 模型进行信息提取，得到零部件之间的邻接矩阵 G_c，并根据拆解操作的可达性分析出零件之间的优先关系，进而建立优先关系矩阵 G_p，以及结合零件的属性信息构成产品的可拆解模型。最后通过再利用价值分析得到选择性拆解的目标零件，在此基础上采用适当的优化算法来搜索可行的拆解序列即可。

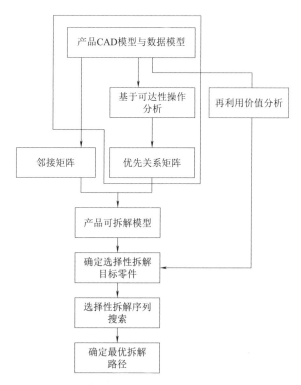

图 2-19 基于可达性分析的拆解序列规划方法

A* 算法是目前较为有效的平面上最短路径的搜索算法之一[105-106]，其基本原理如式（2-11）所示：

$$f(n) = g(n) + h(n) \tag{2-11}$$

式中：在一个平面二维网格中，$f(n)$ 是节点 n 从初始点到目标点的估价函数；$g(n)$ 是从初始点到节点 n 的实际代价；$h(n)$ 是从节点 n 到目标节点最短路径的估计代价。

估价函数 $f(n)$ 在 $g(n)$ 一定的情况下，在估计代价 $h(n)$ 的约束下，就能保证最短路径的搜索向着终点方向进行，从而较快地得到最短路径，避免了搜索空间上的完全遍历。目前有多种表示估计代价 $h(n)$ 的方法，如欧几里得距离法、曼哈顿距离法等。

本书将 A* 算法扩展到三维空间，每个节点的可行搜索定义为 6 个方向，如图 2-20 所示，分别为 X^+，X^-，Y^+，Y^-，Z^+，Z^-。

考虑到在三维 CAD 模型中，获取和计算零部件的坐标位置较方便，因此，对于估计代价 $h(n)$ 采用欧几里得距离来进行评价和预测，其计算如式（2-12）所示：

$$h(n) = \sqrt{(X_d - X_o)^2 + (Y_d - Y_o)^2 + (Z_d - Z_o)^2} \qquad (2-12)$$

式中：(X_d, Y_d, Z_d) 是目标节点的坐标；(X_o, Y_o, Z_o) 是当前节点的坐标。三维 A* 算法的节点和路径如图 2-21 所示。

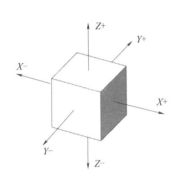

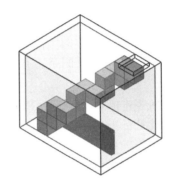

图 2-20　节点的搜索方向　　　图 2-21　三维 A* 算法的节点和路径

对于拆解过程中零件之间优先关系，当两个零件直接连接时可以通过 CAD 模型的移动和干涉检查直接判断。而当两个零件之间没有直接连接关系时，却仍然可能存在着优先关系。如图 2-22 所示，零件 A 和零件 B 没有直接相连，但是零件 A 却对零件 B 构成了优先关系，即必须先拆除零件 A 才能拆卸零件 B。

从图 2-23 可知，当两个零件之间没有直接连接，但是存在包围关系时，如果包围零件上存在孔特征，且孔的尺寸足够大，则待拆解零件仍然有可能从孔中移除，即这时零件 A 对零件 B 不构成优先关系。对于这种情形必须满足两个条件：一是孔特征足够大，能保证待拆解零件的移出；二是在待拆解零件的初始位置与孔特征之间存在一条可行的最短路径。

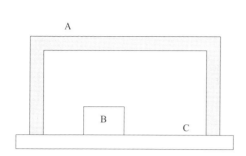

图 2-22　无孔特征的待拆解产品结构

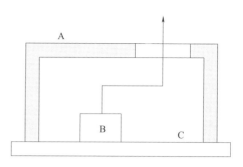

图 2-23　有孔特征的待拆解产品结构

对于条件一的判断，采取如图 2-24 所示的方法，将待拆解零件的最小包围盒模型的中心沿着孔特征的几何中心移动，并判断孔特征零件与待拆解零件的最小包围盒模型之间是否发生干涉。如果不发生干涉，则说明待拆解零件具有直接移出的可能性，需要判断待拆解零件与孔特征之间是否存在可行的通路。

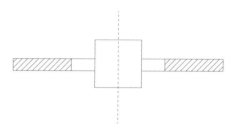

图 2-24　可移出性分析

如果待拆解零件满足拆解操作的空间可达性分析，还必须保证待拆解零件从其原始位置到孔特征的外部存在一条可行的移出路径，才能说明包围零件对待拆解零件不构成优先关系。在用三维 A* 算法搜索可行路径之前，需要在被拆解零件的周围空间内按照单元体进行网格划分。为了简化，这里用待拆解零件的最小包围盒来代替零件本身进行移出路径的搜索。如图 2-25 所示，待拆解零件的最小包围盒的长宽高参数分别为 l，m，n，则取其中最小的参数，即 $\min(l, m, n)$ 作为网格单元的边长。取正六面体作为单元的形状。以待拆解零件的一条最短边作为单元的起始位置，分别向前后、左右、上下方向扩展，直到生成的单元体覆盖了被拆解零件的所有外围边界，如图 2-26 所示。网格中相邻单元体的距离就是三维 A* 算法的搜索步长。

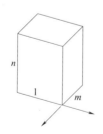

图 2-25　单元节点的参数

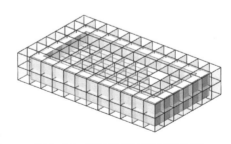

图 2-26　可达性搜索空间的构造

完成网格划分和目标单元选择之后，即可在待拆解零件的初始位置与目标单元之间进行可达路径的搜索与判断，其过程如图 2-27 所示。首先将初始单元放入开放列表，同时放入父节点列表。然后搜索其周边可行的单元，并尝试把零件移

图 2-27　面向拆解建模的三维 A* 算法流程图

动到该单元处，利用 CAD 软件的 API 函数来判断是否发生干涉，如果发生干涉就从开放列表中删除该单元的索引数，同时将其放入关闭列表。如果没有发生干涉，则利用前述方法计算估价函数 $f(n)$ 的值，并在当前开放列表中找出最小 $f(n)$ 所在的单元，将该单元放入父节点列表，同时也将其移入关闭列表。接着判断该单元是否为目标单元，如果是目标单元则结束程序。若不是目标单元，则生成新的开放列表，并继续进行上述搜索，直到找到目标单元为止。如果最短路径存在，则说明包围零件对待拆解零件不构成优先关系，否则说明待拆解零件无法移出，包围零件对待拆解零件构成优先关系。

2.2.6 基于 A* 的可拆解模型应用实例

这里以个人电脑主机作为实例，来说明上述算法的可行性。为了分析方便，对于细小结构和所有的紧固件，如螺钉、螺帽，以及各部件之间的连接电线也做了简化处理。从图 2-28 中可以看出，电脑主机包括机箱主体、底板、主板、电源、光驱和硬盘，在主板上还有 CPU 及散热器。电脑主机的零部件材料属性和可回收用途如表 2-4 所示。从拆解回收的角度来看，光驱、硬盘、主板（包括散热器）、电源都需要被拆解后单独进行处理，以回收其中的重要材料，这些零部件是电脑主机拆解中的目标零件。机箱和前后盖板作为废钢处理。

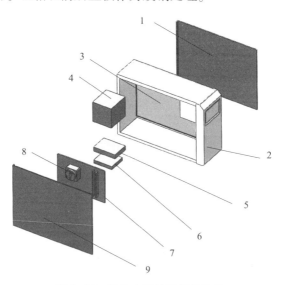

图 2-28 电脑主机的零部件结构

1—后盖板；2—机箱主体；3—底板；4—电源；5—光驱（DVD-ROM）；
6—硬盘；7—主板；8—CPU 及散热器；9—前盖板

表 2-4　电脑主机的零部件材料属性和回收用途

序号	名称	材料	回收用途
1	后盖板	钢材	材料回收
2	机箱主体	钢材	材料回收
3	底板	钢材	材料回收
4	电源	钢材、铜、塑料	再利用☆
5	光驱（DVD-ROM）	钢材、塑料、铜	再利用☆
6	硬盘	钢材、稀土	再利用☆
7	主板	塑料、铜、锡、铅、金	无害化处理，贵金属提取☆
8	CPU 及散热器	铝、铜	材料回收
9	前盖板	钢材	材料回收

首先在三维造型软件 Solidworks 中建立电脑主机的三维模型，然后利用软件提供的 API 函数进行二次开发，程序运行界面如图 2-29 所示。程序运行后，首先扫描 Solidworks 中三维模型的装配信息，通过获得的装配信息列表判断出零部件之间的邻接关系，并据此生成电脑主机的邻接矩阵。

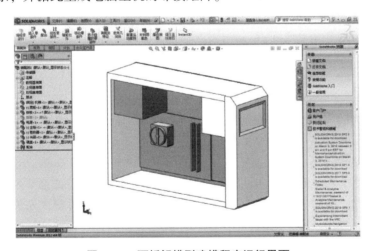

图 2-29　可拆解模型建模程序运行界面

根据电脑主机 CAD 模型中的装配信息可以很方便地搜索出零部件之间的邻接信息，即如式（2-3）所示的邻接矩阵 G_c。其对应的强度信息如表 2-5 所示。

$$
\boldsymbol{G}_c =
\begin{bmatrix}
0 & 1 & 0 & 0 & 0 & 0 & 0 & 0 & 0 \\
1 & 0 & 1 & 1 & 1 & 1 & 1 & 0 & 1 \\
0 & 1 & 0 & 0 & 0 & 0 & 0 & 0 & 0 \\
0 & 1 & 0 & 0 & 0 & 0 & 0 & 0 & 0 \\
0 & 1 & 0 & 0 & 0 & 0 & 0 & 0 & 0 \\
0 & 1 & 0 & 0 & 0 & 0 & 0 & 0 & 0 \\
0 & 1 & 0 & 0 & 0 & 0 & 0 & 1 & 0 \\
0 & 0 & 0 & 0 & 0 & 0 & 1 & 0 & 0 \\
0 & 1 & 0 & 0 & 0 & 0 & 0 & 0 & 0
\end{bmatrix}
\tag{2-13}
$$

表 2-5 邻接矩阵的连接强度表

序号	主连接件	被连接件	连接强度
1	机箱主体	后盖板	2
2	机箱主体	前盖板	2
3	机箱主体	光驱	4
4	机箱主体	硬盘	4
5	机箱主体	电源	4
6	机箱主体	底板	4
7	底板	主板	4
8	主板	CPU 及散热器	4

接着获取每一个零件的最小包围盒参数,并对其进行排序,通过排序得到最小包围盒最大的零件,作为壳体零件。然后人工指定可行的入口零件。在电脑主机模型中,后盖板 1 和前盖板 9 都可以作为选择性拆解的入口零件,因此可以获得两种不同的混合图模型。先以图 2-28 中的前盖板 9 作为入口零件,进行可达性分析。前盖板 9 上虽然有孔特征,但是经过比较,任何一个孔特征都不足以让目标零件通过。因此,前盖板 9 对目标零件 4、5、6、7、8 都构成拆解优先关系。在分离前盖板 9 后,机箱主体 2 仍然有孔特征。首先进行出口分析,该孔特征允许所有的目标零件通过。再进行操作可达空间的分析,目标零件也都在可达空间内。最后通过移出路径的可达性分析可知,目标零件满足移出路径的可达性。因此可知,机箱主体 2 对目标零件不构成优先关系。根据分析结果可以得到电脑主机以前盖板 9 作为入口零件时的优先关系矩阵 $\boldsymbol{G}_p$,如式(2-14)所示:

$$G_p = \begin{bmatrix} 0 & 0 & 0 & 0 & 0 & 0 & 0 & 0 & 0 \\ 0 & 0 & 0 & 0 & 0 & 0 & 0 & 0 & 0 \\ 0 & 0 & 0 & 0 & 0 & 0 & 0 & 0 & 1 \\ 0 & 0 & 0 & 0 & 0 & 0 & 0 & 0 & 1 \\ 0 & 0 & 0 & 0 & 0 & 0 & 0 & 0 & 1 \\ 0 & 0 & 0 & 0 & 0 & 0 & 0 & 0 & 1 \\ 0 & 0 & 0 & 0 & 0 & 0 & 0 & 0 & 1 \\ 0 & 0 & 0 & 0 & 0 & 0 & 0 & 0 & 1 \\ 0 & 0 & 0 & 0 & 0 & 0 & 0 & 0 & 0 \end{bmatrix} \tag{2-14}$$

根据上述邻接矩阵 G_c 和优先关系矩阵 G_p，可得到其等效的混合图模型，如图 2-30 所示。

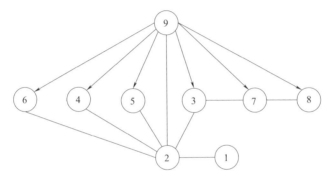

图 2-30　电脑主机的混合图模型（前盖板 9 为入口零件）

上述混合图模型包含了零部件之间的邻接关系和优先关系。为了对其进行拆解序列的规划，还必须定义零部件之间的连接强度信息。这些信息可以通过汇总零部件之间的紧固件属性信息来获得，如螺钉的规格、数量。再通过合理的计算方法就可以获得拆解时所需要的成本，并以此为初始条件，用目前可行的多种算法来求解最优的拆解序列。因此，在基于 CAD 模型对废旧产品的可拆解模型进行建模时，还需要得到 PDM（Product Data Management，产品数据管理）等工具的支持。

2.3　废旧机电产品的拆解策略

2.3.1　机电产品的拆解方式

相应地，上述的连接强度矩阵和优先关系矩阵要在完成一个零件的拆卸后需要进行重构，然后重新选择和进行下一个零件的操作。

上面的拆解条件是在无破坏拆解假设的前提下定义的，当废旧产品中的某些零部件和连接关系允许用破坏方式进行拆除时，上述拆解条件必须用一定的拆解准则来加以补充。

首先对报废机电产品拆解过程中的部分破坏方式进行分析，对当前可行度较高的破坏方式进行了总结，主要有以下几种类型：

（1）局部脆性断裂

当产品的塑料外壳与金属支架安装在一起时，不需要将每一个螺钉都拆卸，只要用工具将塑料外壳撬起并造成螺钉连接处自然断裂即可。采用这种方法可以大大提高拆解效率，同时，所得到的塑料外壳并不影响其作为材料再利用的目的。这种类型拆解方式的条件是相连接的两个零件的材料强度不同，其中一种是塑料、橡胶等低强度材料。

（2）紧固件破切

对于螺钉连接或螺栓连接，目前可以通过专用的液压破切工具将螺母用破切方式拆除，或将螺钉头直接剪掉。这种破坏性拆解方式相对装配环节的逆向操作而言所用的工时是很少的，同时工具的通用性也大大提高，不需要用成套工具来完成紧固件的拆解操作。

（3）局部剪切

局部剪切是指通过专用的切割工具，将被拆解产品的局部进行剪切或切割，从而降低拆解难度和提高拆解效率的一种方法（如图2-31所示）。如拆解报废汽车的后备厢盖时，只需要用剪切器将两侧的翻转连杆剪断即可，而不需要将固定翻转连杆铰链的所有螺钉一一拆除。又如在拆解报废汽车车身时，如果采用切割工具将立柱与车身的支撑关系拆除，这不仅简化了拆解工作，而且降低了拆解车身内部座椅、仪表板等零部件的工作难度。

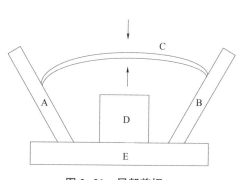

图2-31　局部剪切

对于第一种破坏形式来说，在分析其拆解条件时，不仅要考虑混合图模型中的优先关系和连接关系，还要考虑零部件的材料类型和回收目的。如果其中强度较弱的零件不会再制造或再利用，则可以进行部分破坏的拆解操作。对于第二种破坏方式来说，目前市场上已经有专门的工具来完成，但是这些工具对于被破切紧固件的规格有一定要求，规格过小的紧固件不便于操作，因而不能进行该操作。实际上小规格紧固件用手工工具或电动工具可以很方便地进行拆卸。因此，这种破坏方式的实现条件是紧固件的规格。对于第三种破坏方式来说，零件的结构形式是关键因素，即零件的结构强度是否允许破坏性拆解工具的操作。例如薄钢板可以用电动剪刀切割，但是厚钢板就只能通过火焰切割方式进行破坏性拆解。因此，决定这种破坏形式的是零件的结构参数和材料类型。

2.3.2 机电产品的拆解深度

对于机电产品的拆解深度，可以用图 2-32 来表示。不同的拆解深度表示对产品拆解的精细化程度。Giudice 和 Kassem[107] 从产品设计的角度给出了拆解深度的表征方法和评估方法，从而帮助设计者提高产品的可拆解性。张春亮[108] 采用多目标优化方法对报废汽车的拆解深度进行了决策方法的研究，在综合考虑多种因素的基础上给出可行的拆解深度。

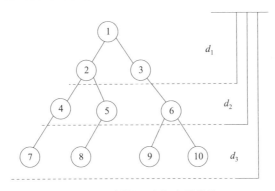

图 2-32　拆解深度与产品结构

图 2-33 给出了拆解深度和经济效益的一般性关系。当拆解深度较小时，随着拆解深度的提高，拆解的经济效益是提高的；但是当拆解深度进一步提高后，随着劳动成本的增加，拆解的经济效益反而呈下降的趋势。因此，必须根据产品的结构特点和拆解工艺以及后续工艺的特点，在综合分析的基础上，给出一个拆解深度的最优值。

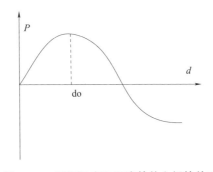

图 2-33　拆解深度和经济效益之间的关系

例如对于电子产品，不可能也没有必要将拆解过程落实到元件层面，只需要将产品中的废线路板按照专用工艺和设备进行无害化和资源化处理即可。

对于少量含有稀有材料的零部件，可以将其拆解分离后，在专业企业内进行自动化处理，以提高回收效率。例如报废汽车的三元催化转化器含有铂、铈等稀有金属元素，应当进行专门的资源化处理。对于需要再制造的部件，同样也是将部件拆解分离后，转运到再制造企业，在专门的拆解线上将其进一步拆解到零件层面。最后再通过清洗、检测、修复、装配的过程生产出再制造部件。

2.3.3 机电产品的选择性拆解

机电产品的选择性拆卸是指根据产品的实际状态将目标零部件从产品中分离出来，而剩余部分不再继续拆解的处理方法。而目标零部件根据其用途，也可以采用部分破坏或无破坏的拆解方式。例如报废汽车的三元催化转化器应当进行材料回收，对此可以采用直接剪切的方式将其从排气管上分离下来。而汽车发电机已形成成熟的再制造体系，应当通过无破坏方式将其分离出来，并分类储存后送到专门的再制造企业进行规模化的再制造。

以家用豆浆机的回收过程作为实例来分析上述方法的可行性[109]。考虑到豆浆机的浆桶可直接分离，所以只考虑机头部分的拆卸和回收。为了便于说明，将一些细部结构进行了简化（如图2-34所示）。另外，螺钉之类的紧固件作为装配关系的属性信息进行处理。在豆浆机的机头中，从回收的角度来看，只有电机部分（电机转子与主轴为一体化结构）具有再制造价值，应该采取无破坏的拆卸方法进行拆卸。温

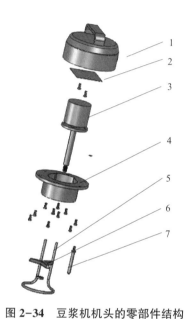

图2-34 豆浆机机头的零部件结构
1—上盖；2—控制电路板；
3—电机组件；4—下盖；5—加热管；
6—刀片；7—温度传感器

度传感器和加热管没有再利用价值，但由于含有少量贵金属，应当在拆卸后单独收集和处理。因此，作为选择性拆卸的拆卸目标为电机、加热管、温度传感器，其余零件可以破坏性拆卸或者不拆卸。上盖和下盖只能作为废塑料加以应用。豆浆机机头的零部件组成及其回收用途如表2-6所示。

表2-6 豆浆机机头的零部件组成及其回收用途

序号	零件名称	材料	回收用途
1	上盖	塑料	直接材料回收

续表

序号	零件名称	材料	回收用途
2	控制电路板	环氧树脂、铜、陶瓷等	贵金属回收
3	电源插座	塑料、铜	直接材料回收
4	下盖	塑料	直接材料回收
5	连接导线	塑料、铜	直接材料回收
6	连接导线	塑料、铜	直接材料回收
7	连接导线	塑料、铜	直接材料回收
8	电机组件	硅钢、铜	再制造
9	下盖	塑料	直接材料回收
10	刀片	不锈钢	直接材料回收
11	温度传感器	铜、半导体材料	贵金属回收
12	加热管	镍铬合金、铜	贵金属回收

豆浆机机头的零部件混合图模型如图 2-35 所示。依据上述的部分破坏拆解准则，与控制电路板相连的导线 5、6、7 符合局部剪切切割的拆卸方法，且可以与控制电路板一起进行后续的资源化处理，只是其剪切点要选在适当的位置。根据部分破坏拆解准则对图 2-35 所示的混合图模型进行处理之后，得到的部分破坏条件下的可拆解模型如图 2-36 所示。

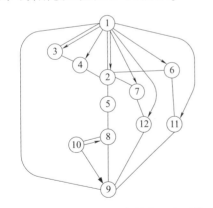
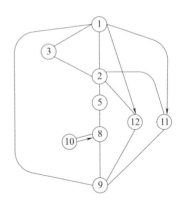

图 2-35　豆浆机机头零部件的混合图模型　　图 2-36　基于拆解准则处理后的混合图模型

从选择性拆解的角度看，豆浆机的上盖与电源线插座都属于塑料材质，即使其中有少量的金属铜，也可以通过先进的分选技术进行分离。因此对这两个零件可以进行合并，合并之后的混合图模型如图 2-37 所示。

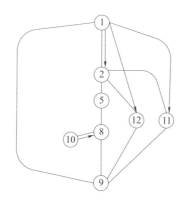

图 2-37   零件合并之后的混合图模型

其对应的邻接矩阵和优先关系矩阵如式（2-15）：

$$\boldsymbol{G}_c = \begin{bmatrix} 0 & 3 & 0 & 3 & 0 & 0 & 0 \\ 3 & 0 & 1 & 0 & 1 & 0 & 1 \\ 0 & 1 & 0 & 3 & 0 & 3 & 0 \\ 3 & 0 & 3 & 0 & 2 & 0 & 3 \\ 0 & 1 & 0 & 2 & 0 & 0 & 0 \\ 0 & 0 & 3 & 0 & 0 & 0 & 0 \\ 0 & 1 & 0 & 3 & 0 & 0 & 0 \end{bmatrix} \quad \boldsymbol{G}_p = \begin{bmatrix} 1 & 0 & 0 & 0 & 0 & 0 & 0 \\ 1 & 0 & 0 & 1 & 0 & 0 & 0 \\ 1 & 0 & 0 & 1 & 0 & 1 & 0 \\ 1 & 0 & 0 & 0 & 0 & 1 & 0 \\ 1 & 0 & 0 & 0 & 0 & 0 & 0 \\ 0 & 0 & 0 & 0 & 0 & 0 & 0 \\ 1 & 0 & 0 & 0 & 0 & 0 & 0 \end{bmatrix} \quad (2\text{-}15)$$

按照上述的求解算法和相关准则对豆浆机机头零部件的拆卸过程进行分析和求解，分离电机、加热管和温度传感器的拆卸序列为：

（1-9），（1-2），［（2-8），（2-11），（2-12）］，（8-10），［（9-12），（9-11），（8-9）］

式中：（ ）表示对零件 1 和零件 9 之间的连接进行拆卸操作；［（2-8），（2-11），（2-12）］表示其中的三个拆解操作在顺序上是等价的，即其拆卸成本相同。

2.4   机电产品的拆解工艺

2.4.1   拆解前的预处理

（1）有害物质的分离与处理

机电产品中一般包含不同形态的有害物质，可能是固态，也可能是液态或者气态。如报废汽车中的废机油、防冻液，这些属于液态形式；而空调系统中的制冷剂则属于气态形式的有害物质；废冰箱中同样也含有制冷剂。对这些不同形态的有害物质应当采用专门的抽取和分离设备进行处理，以防止其造成后续的二次

污染。分离之后的有害物质应当送到有资质的处理企业进行无害化处理。

（2）危险零部件的预先拆除

废旧机电产品中可能含有一些具有危险性的零部件，如报废汽车中的安全气囊。如果不加处理就进入拆解作业环节或后处理环节，可能会造成人身伤害或者损坏拆解设备。因此，需要先对这些危险零部件进行预处理或者拆除后进行专门处置。对于报废汽车而言，可以通过专用设备引爆安全气囊，然后进行后续的拆解作业。

（3）预清理和清洗

废旧机电产品中含有大量的粉尘或污垢，如果不经过清理就进入拆解环节，往往会给进行拆解作业的工人造成健康方面的危害。对此类产品，可以通过振动加负压吸附的技术来降低其中的粉尘含量，在拆解线上再配备空气净化设备，就可以大幅度减少其对操作工人的健康影响。一些卫生类的废旧家用电器，如垃圾粉碎机、电动马桶盖，可能会含有病菌，对此类产品可以通过紫外线设备进行灭菌作业，然后再进入拆解作业环节。

2.4.2　拆解作业

根据废旧机电产品不同的类型和退役状态，其拆解操作的目的也是不同的。状态较好且仍然存在市场价值的，可以拆解后再利用或者再制造后进行再利用，对此类产品应当通过无破坏的方式进行拆解和分离。而对于状态较差或者失去市场价值的产品，则应当以材料的回收为目标，因此可以通过破坏性拆解或者部分破坏性拆解的方式进行拆解和分离。其具体细节将在后续章节中分析和说明。

不同类型和规格的产品在拆解时所需要的工具和设备也是不相同的。对于废旧家电，通过手持式电动工具或者气动工具就可以完成；对于挖掘机、盾构机一类的工程机械，需要通过专门的起重设备和分离设备进行拆解；对于一些特殊的过盈配合方式结合的零部件，需要通过专门的技术手段才能进行分离[110]。对于具体的废旧产品而言，先拆哪个部件，后拆哪个部件，即拆解顺序或者拆解序列是非常重要的，错误的拆解顺序会浪费时间，甚至会导致拆解失败。

2.4.3　拆解后的零部件处理

（1）面向再利用的后处理

从废旧机电产品上拆解下来的零部件，有些是可以进行再利用的，特别是可以作为维修配件；还有一些虽然不能满足同类产品的服役要求，但是可以改变用途用到其他地方。这里最为典型的就是新能源汽车的动力电池，如果直接将其进行材料回收实际上是一种资源浪费。如果将其改变用途，用在一些对电池容量要求不高的场合，它仍然是可以满足要求的，如作为移动基站的备用电池。不论是直接利用还是梯次利用，其中的关键环节是检测，必须采用专门的检测设备对再利用的零部件进行检测并记录检测结果。

（2）零部件再制造

中国工程院院士徐滨士对再制造进行了深入研究，结合产品的全寿命周期内容，他将再制造工程定义为"是以产品全寿命周期设计和管理为指导，以优质、高效、节能、节材、环保为目的，以先进技术和产业化生产为手段，来修复或改造废旧产品的一系列技术措施或工程活动的总称"[111]。再制造既有产品层面的修复也包括零件层面的修复。对于拆解之后的零部件，往往需要在进一步拆解的基础上进行清洗、表面修复、检测和装配后重新出厂销售。目前再制造在汽车电机、石油钻头等产品中已经得到普遍的应用。

（3）材料回收与再生

对于进行材料回收的零部件，有些可以在拆解企业实现，如报废汽车中的电线电缆，通过专门的处理设备很方便就可以加工成铜米颗粒进行回收。而对于车身、座椅等部件，则需要进行打包压缩之后送到专门的废旧物资回收企业进行破碎和分选处理，最终实现资源的再生利用。

2.5　本章小结

本章从废旧机电产品回收利用的全过程出发，系统分析了废旧机电产品在拆解过程中所涉及的评估方法、产品建模、拆解序列规划、拆卸工艺规划等。结合具体产品实例对产品的可拆解模型建模、拆解序列规划进行了分析。在前人已有工作的基础上，分析了拆解序列与拆解工艺之间的关系。

第3章
机电产品拆解系统的规划与设计

根据废旧机电产品类型和处理方式的不同，目前在拆解阶段大致可分为定点拆解、多点移动拆解、单元式拆解、拆解线拆解等不同的组织和布局方式。对于具体的废旧机电产品，应当在综合考虑区域内的交通、环境以及上下游企业情况的前提下，找到符合企业自身利益和社会效益的最佳处理模式。本章主要从废旧机电产品拆解回收的决策依据、不同处理模式的优缺点方面来分析与设计拆解系统。

3.1 拆解系统概述

废旧机电产品的拆解回收业务一般是由获得政府许可的专门化企业来操作完成的。针对不同类型的废旧机电产品，企业在拆解模式的规划和设计方面一般也没有固定的模式，而是要根据当地的劳动力、环保要求、资源市场情况进行综合分析，最后规划和设计出一种优化的处理方案，进而设计拆解工艺和拆解装备[112]。

废旧机电产品拆解回收过程的输入输出关系可以用图3-1来表示。在拆解过程中，除了产生可用零部件和可再生材料，还会产生污染物和没有利用价值的废弃物。

拆解企业的建立应当在符合国家和当地政策的前提下，充分利用资源优势，在保证污染物排放达标、废弃物处置合理的情况下，充分实现资源的再利用，以实现可持续发展的理念。

拆解系统的规划与设计应当符合以下原则：

①拆解系统应当符合成本和收益的经济学评估要求。

②在自动化程度上应当适度，不能像一般制造业那样在可行的条件下追求高

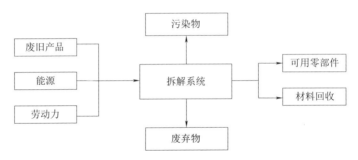

图 3-1 拆解回收过程的输入输出关系

度自动化和信息化，而是要在充分运用操作人员灵活性的前提下通过自动化设备降低劳动强度和避免危险性作业造成的安全隐患。在综合分析拆解系统投入和产出的基础上，可以进一步分析得出如图 3-2 所示的效益关系[113]。

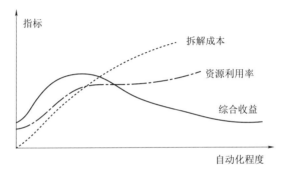

图 3-2 拆解自动化程度和效益之间的关系

③应当充分提高被拆解产品的综合利用率，降低最终废弃物的比例。通过再制造、材料再生等手段实现废旧产品的回收再利用，实现循环经济。

④符合环保要求。拆解的目的是高效处理废旧产品，同时有效利用废旧零件和废旧材料，但是不能因此造成新的污染，必须在符合法律法规的前提下，将这种污染降低到最低标准。

3.2 拆解系统的规划分析

3.2.1 拆解系统的经济性分析

在规划拆解系统前，往往首先要做的是经济性分析，主要是在一定的约束条件下分析企业的投资收益率。在一个区域内建设拆解系统，主要的约束条件是该

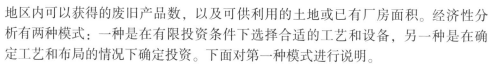

地区内可以获得的废旧产品数，以及可供利用的土地或已有厂房面积。经济性分析有两种模式：一种是在有限投资条件下选择合适的工艺和设备，另一种是在确定工艺和布局的情况下确定投资。下面对第一种模式进行说明。

在规划拆解系统时，应当首先从投资收益的角度进行分析。一般会按照投资收益计算公式进行初步评估，如式（3-1）所示：

$$F = \frac{G}{I} \tag{3-1}$$

式中：G 是拆解系统或拆解企业的初始利润或毛利；I 是工具总投资。G 可以进一步用式（3-2）进行分析：

$$G = \sum_{i=1}^{n} R_i - C_w - C_d - C_m \tag{3-2}$$

式中，R_i 是拆解之后的综合收益，包括销售废旧材料的收益，以及销售可再用零部件的收益和再制造零部件的收益。拆解企业的成本主要包括废旧产品的采购成本 C_w、拆解成本 C_d 和管理成本 C_m。不同于一般的制造型企业，拆解企业作为资源回收企业，往往会享受到政府的补贴，或者是来自产品的原始制造企业的经费补助，这些也应该列入企业的收益中。此外，如果将回收材料直接加工成中间产品并进行销售，有助于提高拆解企业的综合经济效益。

3.2.2 拆解系统的人机工学分析

不同于一般制造业，拆解作业存在多样性和不确定性，难以用一般的工业技术来实现自动化，只能在重负荷作业以及危险作业中采用自动化技术来实现。对拆解系统进行人机工学分析的目的是科学合理地设计拆解系统的自动化组成部分。如图 3-2 所示，对一个拆解系统而言，其自动化程度并不是越高越好，而是要根据被拆解产品的特点，科学合理地安排其自动化组成要素。此外，对于拆解系统，应当遵循一种以人为中心的自动化理念，即只对那些劳动强度高，或具有危险性、危害性的操作采用自动化装置和技术，从而在保证拆解系统劳动效率的情况下，降低拆解企业或拆解系统的建设成本。为此，可以采用人机工学仿真软件对拆解过程进行仿真和分析，从而找出其中的关键作业环节，以此作为自动化技术设计的基础。

如图 3-3 所示，在选择特定废旧产品的拆解工艺和拆解装备时，可以通过人机工学方法来仿真和分析整个拆解过程中的劳动力消耗过程，从而分析出其中工时消耗较多的环节，最后通过自动化装备或工具来改善这些环节的工作[114]；另外，在进行新的拆解系统规划与设计时，也可以在初步设计的基础上，采用人机工学仿真软件进行分析和仿真，使拆解系统的布局和工艺流程更加合理[115]。

目前在人机工学领域已经形成一批较为成熟的仿真工具，其中应用较为广泛的是西门子公司的 Tecnomatix Jack 软件。在数字环境中对产品或工作流程的模型

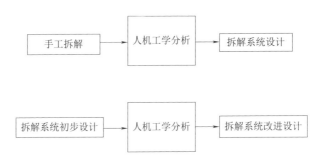

图3-3 人机工学分析在拆解系统中的作用

进行分析，可以减少研发成本、缩短工期、提高效率，因此，Jack软件的仿真功能常用于工业、制造业、服务业、军事行业等领域。

在Jack软件中创建汽车废旧发电机拆解作业的仿真，如图3-4所示。由汽车废旧发电机人工拆解工艺路径可知，人工拆解作业主要集中在拆解区一，且拆解时需要长时间俯身工作，拆解工具也需要手持操作，极易产生疲劳，所以本节主要对拆解区一的拆解作业进行建模分析。

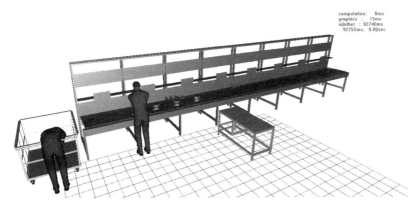

图3-4 汽车废旧发电机拆解作业的仿真

（1）工作姿势分析

工作姿势分析可以快速检查工人的作业姿势，用于评价当背部、手臂和腿有负载要求时作业姿势的不适度，快速评估出哪种作业姿势对工人造成损伤或伤害的可能性比较大，进而对其进行改进，以获得更舒适的工作环境和更完善的生产质量。

工人作业姿势的行动等级共分为AC1、AC2、AC3、AC4这4个等级，各个等级的危害及处理方案如表3-1所示。

表 3-1　作业姿势行动等级

等级 AC	姿势危害	处理方案
AC1	正常姿势	不需处理
AC2	有轻微危害	需要近期采取改善措施
AC3	有明显危害	需要近期尽快采取措施
AC4	有严重危害	需要立即采取改善措施

（2）快速上肢分析

快速上肢分析能分析出工人在工作时上肢动作中存在的潜在危险。对于一个给定的工作任务，快速上肢分析能够评估出人体的姿势、肌肉的使用、负荷的质量、持续时间和频率对上肢的影响。通过给手工任务评分，得出被要求降低的上肢受伤危险的干预措施等级。

（3）人机工学分析

通过分析可知，工人大都需要手持拆解工具俯身进行拆解工作，而且拆解时间最长，所以主要进行人机工学分析。如图 3-5 所示，工人在进行拆解工作时，基本是以站立的状态完成各种拆解工作，工人背部弯曲，手臂低于双肩，一只手按压发电机，另一只手持拆解工具进行拆解作业。

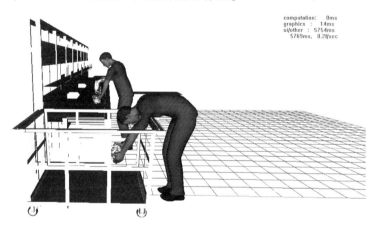

computation:　0ms
graphics　:　14ms
ui/other　:　5754ms
5769ms,　0.2f/sec

图 3-5　工人拆解发电机姿势

如图 3-6 所示，由工作姿势分析报告可知工人拆解作业姿势的行动等级为 AC2。这种作业姿势会引起劳累，虽危害轻微，但若作业时间过长或经常重复地做弯腰动作，躯干会扭曲并倾斜。在整个拆解作业过程中如果一直保持站立状态，会导致工人身体过分疲劳，长此以往，会造成劳损等职业病，应采取相应的改进措施。

通过 Jack 软件人机工学分析可知，根据发电机人工拆解的特点，拆解工人需

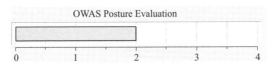

图 3-6　工作姿势分析报告

要手持拆解工具进行操作，上肢每分钟操作在 10 次以上、负重小于 2 kg 且站立，由快速上肢动作分析报告（如图 3-7 所示）可知，此拆解动作评分为 7 分（如表 3-2 所示），需要立即对当前作业姿势进行改进。

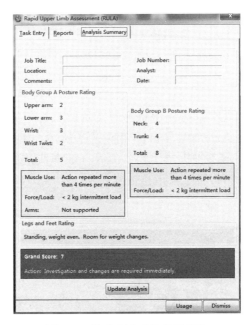

图 3-7　快速上肢动作分析报告

表 3-2　快速上肢动作分析报告

分类	部位	评分	总评分
身体 A 组 姿态评分	上臂	2	5
	下臂	3	
	用腕	3	
	手腕扭转	2	
身体 B 组 姿态评分	颈部	4	8
	躯干	4	
总评分	7		

通过上述评价可以发现，上肢操作对人体的损伤是最大的，也是不可避免的损伤，必须及时进行改善。

通过对已有的系统进行人机工学分析，可以发现其中存在的问题和隐患，并借助人机工学仿真的量化依据，从以下方面对拆解系统、设备和工具进行优化和改进。

①以人为中心，对拆解工具、拆解工艺、拆解台高度进行合理设计，使整个拆解过程更能适应人的操作习惯。

以上述的发电机拆解为例，主要工作通过工作台来完成，因此实现人与工作台的良好人机关系十分重要。合理的拆解工作台设计能够有效减少工人在工作过程中受到的工作损伤，由表3-2可知计算时拆解线的工作台高度应设在800~950 mm。考虑到人体尺寸会因为性别、年龄、种族和地区的不同存在很大的差异，为了让工人能够舒适和高效地工作，在确定工作台面高度时，应该充分考虑这种差异，所以工作台高度确定为800 mm，可调节高度台为50~150 mm（如图3-8所示），以满足工人的不同需求。该工作台的尺寸更加符合工作姿势对工作台的要求，能够尽可能地减少工人背部、腰部和手臂的负荷。

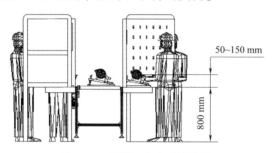

图3-8　拆解工作台改进设计

②利用自动化设备代替部分人工作业，不仅降低了生产成本，还提高了拆解效率和工人的安全系数。

在发电机拆解过程中，目前主要通过手动压力机来完成轴承的拆解。工人在操作时手臂需要不停地做伸缩动作，不仅效率低而且易造成上肢疲劳和损伤。可以将压力机改为气动或液压方式，且在设计时压力机的工作台高度以及控制装置应符合人机工学。

③通过改变拆解线的不合理布局，把所有拆解设备按照拆解顺序安排，并且做到尽可能紧凑、连贯，这样不仅有利于缩短零部件运输路线，消除零件不必要的搬动，还可以节约拆解时间。

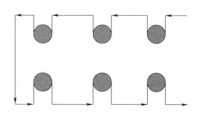

图3-9　拆解区的布局方式调整

这种拆解方式的特点是：拆解工作台上的拆解方式是固定流水线模式（如图3-9所示），即加工对象固定，工人携带工具移动，从而减少不必要的体力消耗。

3.3 拆解系统的布局与优化

3.3.1 拆解系统的主要模式

废旧机电产品的拆解根据其特点和规模有不同的布局形式布局，常见的布局形式包括离散多点式布局、流水线布局和混合式布局，如图 3-10 所示。下面以报废汽车为例介绍。

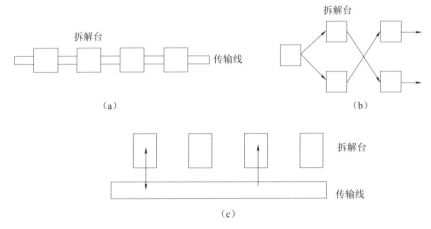

图 3-10 拆解线主要布局形式

（a）流水线布局；（b）离散多点式布局；（c）混合式布局

报废汽车的拆解根据拆解量和拆解目标的不同，可以分为拆解线模式和定点拆解两种模式。其中拆解线模式适用于拆解量较大，且以材料回收为主要目标的拆解回收企业；而定点拆解适用于拆解量较小，且以零部件回收再利用、再制造为目标的拆解企业。

（1）拆解线模式

这种模式是按照报废汽车的拆解工艺，将拆解任务分配到不同的拆解工位上。每一个拆解工位完成至少一个拆解任务[116]。拆解线按照一定的节拍将完成预处理的报废汽车从起始端向终止端移动，直到完成所有的拆解任务。最后剩下的车体部分被送入专用的打包压缩设备进行压块处理。其基本过程如图 3-10（a）所示。在设计拆解线时，每个拆解工位上的作业时间必须尽量平衡，否则会造成特定工位上出现瓶颈问题。

（2）定点拆解模式

定点拆解的基本模式如图 3-11 所示。将大部分拆解工作集中到多功能拆解平台上完成（图中的工序 i），因此在工序数量上要少于上述的拆解线模式。在集中化拆解工序之前设置预处理工作平台，在拆解工序之后设置后处理装备，各工序装备之间通过叉车等移动工具来转移被拆解的废旧产品。这种模式的优点是工序之间没有时间节拍的要求，多功能拆解平台完全根据自身的拆解对象来执行拆解任务。但是如果不同工序的设备数量配备不合理，同样也会造成拆解过程中的拥堵或者闲置问题。

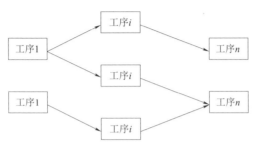

图 3-11 定点拆解模式

3.3.2 流水线拆解系统的配置优化模型

一般在进行产品的拆解分析时，可以根据产品的装配结构得到如图 3-12 所示的拆解树，进而根据拆解树得到具体的拆解序列和拆解工艺。这种任务结构无法直接在拆解线上进行分配和映射，必须将其归并处理成如图 3-13 所示的拆解树结构，即树的左分支为单一主干，而其右分支由多个单层分支构成，在每一个单层分支中可以有并行的多个分支，也可以只有一个分支。这样就可以根据后面所述的优化模型将各拆解任务分配到具体的拆解工位上去，并尽量保证各拆解工位上的任务平衡。

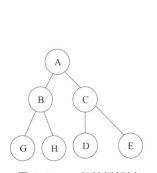

图 3-12 一般性拆解树

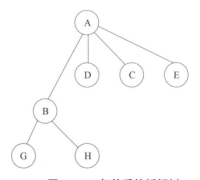

图 3-13 归并后的拆解树

图 3-14 给出了一个具体的归并之后的拆解树结构，其中包含了拆解任务的执行序号（圆圈内的字母）和执行的时间成本（连线上的数字）。进行优化配置的目

标是根据时间平衡的原则将任务分配到不同的拆解工位上去。

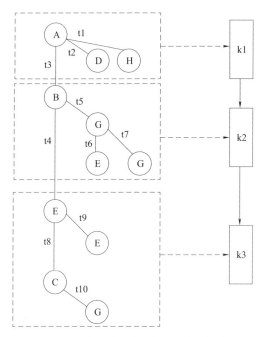

图 3-14 拆解树与拆解线工位的映射关系

从上述的分析可知，为了使拆解线的生产效率提高，其移动的时间节拍 CT 要尽可能小，因此，目标函数可以定义为式（3-3）：

$$\min CT \tag{3-3}$$

在分配拆解任务时必须遵循以下原则：

首先，所有的拆解任务只能分配到一个拆解工位上，即不能使同一个任务既分配给 A 工位又分配给 B 工位。因此可以得到式（3-4）：

$$\begin{cases} S_{11}+S_{12}+\cdots+S_{1k}=1 \\ \cdots \\ S_{i1}+S_{i2}+\cdots+S_{ik}=1 \\ \cdots \\ S_{n1}+S_{n2}+\cdots+S_{nk}=1 \end{cases} \tag{3-4}$$

式中：S_{ik} 是二值化变量，$S_{ik}=1$ 表示拆解任务 i 被分配到拆解工位 k 上，而 $S_{ik}=0$ 表示拆解任务 i 没有被分配到拆解工位 k 上。

其次，在分配过程中，分配到具体拆解工位上的任务时间之和不能大于拆解线的移动时间节拍。因此可以得到式（3-5）：

$$\begin{cases} S_{11}t_1 + S_{21}t_2 + \cdots + S_{n1}t_n \leqslant CT \\ S_{12}t_1 + S_{22}t_2 + \cdots + S_{n2}t_n \leqslant CT \\ \cdots \\ S_{1k}t_1 + S_{2k}t_2 + \cdots + S_{nk}t_n \leqslant CT \end{cases} \quad (3-5)$$

式中：k 表示拆解工位的序号；t_i 表示第 i 个拆解任务的作业时间；S_{ik} 的含义与上面相同；n 表示拆解线上拆解任务的总数。

最后，根据拆卸序列所描述的拆解任务之间的优先关系，可以定义出式（3-6）：

$$\sum_{k=1}^{K} (kS_{jk} - kS_{ik}) \geqslant 0; \quad (i, j) \in P \quad (3-6)$$

式中：K 是拆解线的工位总数；P 是所有优先关系的集合。

由于拆解作业的任务有先后顺序，即不能在开始的工位上做后面的拆解任务。若拆解任务 i 优先于拆解任务 j，则拆解任务 i 只能分配到任务 j 所在的工位之前，而不能放在任务 j 所在的工位之后。

所以得到拆解线模式下的设备配置优化模型，如式（3-7）所示：

$$\min CT$$

$$\mathrm{s.t.} \begin{cases} \sum_{k=1}^{K} S_{ik} = 1 \\ \sum_{i=1}^{n} S_{ik}t_i \leqslant CT, \quad (i, j) \in P \\ \sum_{k=1}^{K} (kS_{jk} - kS_{ik}) \geqslant 0 \end{cases} \quad (3-7)$$

以报废汽车的拆解为例，报废汽车在完成预处理之后，需要拆解车轮、车门、发动机、仪表系统、转向系统、座椅内饰，最后将剩余的空车身送入压缩打包设备中进行打包作业。预处理作业和打包作业都在单独的专用设备上完成，其余拆解工作在拆解线上完成。以表 3-3 所示的数据为计算依据，通过优化计算软件 Lingo 的计算结果（如图 3-15 所示），可以得出如表 3-4 和表 3-5 所示的两种不同形式的工位分配结果。

表 3-3 报废汽车拆解工作内容

序号	工序代号	工序内容	平均时间/min	紧后工序
1	A	引擎盖拆解	3	F
2	B	车轮拆解	6	J
3	C	后视镜拆解	2	G
4	D	方向盘拆解	5	F
5	E	仪表盘拆解	6	F

续表

序号	工序代号	工序内容	平均时间/min	紧后工序
6	F	发动机拆解	8	J
7	G	车门拆解	6	H
8	H	座椅拆解	7	J
9	I	车灯拆解	4	J
10	J	车身底盘分离	4	K
11	K	消声器拆解	2	L
12	L	底盘拆解	3	—

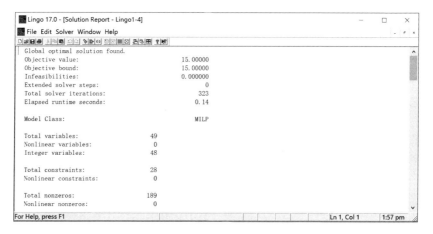

图 3-15 Lingo 软件求解界面

表 3-4 四工位的规划结果

工位号	工序代号	工序内容
1	A	引擎盖拆解
	B	车轮拆解
	C	后视镜拆解
2	E	仪表盘拆解
	G	车门拆解
3	D	方向盘拆解
	H	座椅拆解
4	F	发动机拆解
	I	车灯拆解

工位号	工序代号	工序内容
5	J	车身底盘分离
	K	消声器拆解
	L	底盘拆解

表 3-5　五工位的规划结果

工位号	工序代号	工序内容
1	C	后视镜拆解
	E	仪表盘拆解
	G	车门拆解
2	A	引擎盖拆解
	D	方向盘拆解
	H	座椅拆解
3	B	车轮拆解
	F	发动机拆解
4	I	车灯拆解
	J	车身底盘分离
	K	消声器拆解
	L	底盘拆解

3.3.3　多点拆解系统的配置优化模型

多点式拆解系统的布局方式如图 3-16 所示。在进行设备的布局设计时一般分为两步：第一步是在投资约束的前提下确定合理的设备配置方案；第二步是根据设备的配置方案和场地的约束条件，确定设备的布局方案。

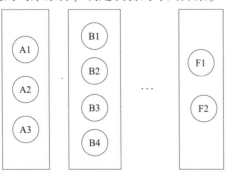

图 3-16　多点拆解系统的设备配置

设备配置方案的基本要求如图 3-16 所示，对特定产品的拆解需要根据法律法规的要求分成若干步骤，如预处理、拆解、后处理等，每一步中需要配置若干数量的设备。由于每种设备的处理能力不同，在数量上必须进行合理配置，以防某种设备出现生产瓶颈或者浪费问题，同时要确保设备的总投入不超出投资限额。

根据上述要求，可以将多点拆解系统的设备配置模型表示为如下的形式：

目标函数可以定义为各个处理环节中设备的总处理能力，希望其总处理能力为最大，如式（3-8）所示：

$$\max \sum_{i=1}^{n} x_i P_i, \ x_i \in \mathbf{Z} \tag{3-8}$$

$$\mathrm{s.\,t.}\ x_i < A_i \tag{3-9}$$

$$\sum_{i=1}^{n} x_i P_i \leqslant G \tag{3-10}$$

式（3-9）表示受到场地面积约束的该类型设备的总数；式（3-10）表示所有设备的资金总投入。

这里以报废汽车多点拆解系统的设计为例进行分析和设计。报废汽车的多点拆解系统适用于拆解量不大，且车间的使用面积受到较大限制的情况。在日本、北欧等国家，这种拆解模式比较普遍。多点拆解的设备布局方式如图 3-17 所示，其中 P1 到 Pi 是报废汽车的预处理设备，用来进行废油液的抽取以及其他有害物质的提前分离工作。而 D1 到 Dn 是报废汽车的多功能拆解平台，可以完成报废汽车车体在多个方向上的转位和移动，从而便于操作工人在一个多功能拆解平台上完成绝大多数的拆解工作。在拆解过程中，需要对某些总成或部件进行测试，以确定是否可用于再制造，所以需要一定数量的检测设备。图中的 T1 到 Tj 是一定数量的检测设备。最后完成拆解之后所剩的车身需要在车身打包机中压制成包块，以便用于后续的运输和处理，图中的 B1 到 Bk 是一定数量的车身打包设备。

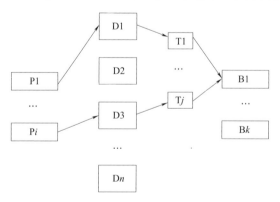

图 3-17　报废汽车多点拆解

多点拆解模式下的优化目标可以定义为单位时间内所能够完成的最大拆解量。这里的单位时间可以是一天，也可以是一周。由于预处理、拆解、检测和打包所需要消耗的时间是不同的，所以在一定的时间段内，这些设备所能处理的报废汽车总数是不同的。假设在一定的时间段内，各类设备的处理能力是一定的，下面给出一个具体的计算实例。

不同的处理设备对单台报废汽车进行处理所耗费的时间及设备单价如表3-6所示。

表3-6　处理设备的基本参数和价格

序号	工序代号	设备名称	单价/万元	处理能力/（辆/h）	最多容许台数
1	P	预处理台	10	24	18
2	D	多功能拆解台	20	2	8
3	T	测试设备	9	48	20
4	B	车身打包机	30	16	6

利用 Lingo 软件对上述问题进行建模和计算，计算结果如表3-7所示。

表3-7　设备配置结果

序号	工序代号	设备名称	优化数量
1	P	预处理台	1
2	D	多功能拆解台	8
3	T	电机测试台	1
4	B	打包机	1

在得到设备的合理配置数量后，可以根据场地的具体要求进行布局优化。其基本建模方法可以按照如图3-18和图3-19所示的情况进行分析。首先假定不同类型的设备按照如图3-18所示的工艺过程进行总体布置，即同一类型的设备原则上布置在同一个区域。

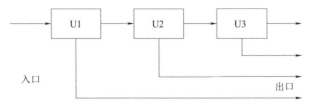

图3-18　拆解过程的物料流转示意图

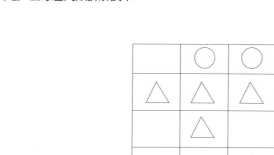

U1类设备

U2类设备

U3类设备

图 3-19　设备分类布置及分区

　　对同一类型的设备，将场地分割为一定大小的区域，作为优化设计的备选区域。根据拆解处理设备之间物料转运成本最低的原则，可以给出目标函数，如式（3-11）所示：

$$\min\left(\sum_{i=1}^{n}\sum_{j=1}^{k}d_if_{ij}x_{ij} + \sum_{i=1}^{n}(1-d_i)a_ix_{ij}\right) \tag{3-11}$$

式中：d_i 为工位 i 上的拆解率，$0<d_i<1$；f_{ij} 为从工位 i 到工位 j 的单位距离搬运成本；x_{ij} 为设备 i 是否在位置 j 上，在该位置则 $x_{ij}=1$，否则 $x_{ij}=0$。

　　式（3-11）中的第二部分表示已经拆解下来的零部件按照一个统一的成本系数 a_i 来计算其转运成本。第一部分则表示随着拆解过程的深入，待转运的产品在质量和体积上都在减小。

　　上面的目标函数针对的是同一类型的拆解设备间的物料转运成本。对于报废汽车的拆解而言，还存在一定数量的预处理设备和后处理设备，如果将这两类设备也考虑进来，则总的物料转运成本可以用式（3-12）表示：

$$\min\left(\sum_{i=1}^{k}P_i + \sum_{i=1}^{l}D_i + \sum_{i=1}^{n}B_i\right) \tag{3-12}$$

式中：P_i 为预处理设备的物料转运成本；D_i 为中间设备的物料转运成本；B_i 为后处理设备的物料转运成本。

　　对于预处理工艺路线上的设备，其拆解过程中的转运成本包括了待拆解产品进入车间的成本、移动到下一处理设备的成本和拆解后物料的转运成本三个部分。因此，式（3-12）中的 P_i 可以进一步分解成式（3-13）：

$$\sum_{i=1}^{k}P_i = \sum_{i=1}^{k}g_ix_i + \sum_{i=1}^{k}\sum_{j=1}^{l}d_if_{ij}x_{ij} + \sum_{i=1}^{k}(1-d_i)a_ix_i \tag{3-13}$$

　　对于拆解工艺路线上的中间设备，其在拆解过程中的转运成本包括了拆解后剩

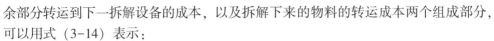

余部分转运到下一拆解设备的成本，以及拆解下来的物料的转运成本两个组成部分，可以用式（3-14）表示：

$$\sum_{i=1}^{k} Di = \sum_{i=1}^{k} \sum_{j=1}^{l} d_i f_{ij} x_{ij} + \sum_{i=1}^{k} (1 - d_i) a_i x_i \qquad (3-14)$$

对于拆解工艺路线上的后处理设备，物料转运成本可以用式（3-15）表示：

$$\sum_{i=1}^{k} B_i = \sum_{i=1}^{k} (1 - d_i) a_i x_i \qquad (3-15)$$

对于式（3-14）和式（3-15）所列出的目标函数，相应的约束条件可以根据具体情况来进行设定，并通过优化工具或者智能优化算法来进行求解，相关文献也给出了一些具体的实例[117-119]。

3.4 拆解系统的调度与管理

3.4.1 调度与管理系统的组成

相对于一般制造业的生产管理，拆解系统的作业过程存在着很多不确定性，操作过程涉及的工艺信息、工具信息和设备信息也更多。现代化的信息技术手段有助于作业人员之间的相互协调，通过减少辅助时间来提高效率，增加拆解企业的综合经济效益。

这里以拆解企业的报废汽车作业流程和信息流来说明调度和管理系统的重要性。报废汽车拆解计算机辅助工艺规划系统的硬件体系结构如图3-20所示。整个系统在企业计算机网络平台上，同时也和互联网保持信息联系。系统的数据服务软件工作在网络服务器上，在拆解线的每一个工位计算机上安装终端数据交互软件，用来显示该工位的工艺信息。这些终端计算机通过企业网与服务器相连。

在每辆报废汽车的拆解工作开始前，由车况诊断技师通过手持式设备（平板电脑）以无线方式将诊断信息输入服务器，同时生成一个序列号并存入 RFID（Radio Frequency Identification Devices，射频识别）芯片，然后将该芯片贴到报废汽车的车身侧面指定位置。在报废汽车的拆解过程中，当报废汽车随着托盘进入一个拆解工位后，该工位的 RFID 读写器首先读出序列号信息，然后根据序列号信息从服务器中查询相应的拆解信息，其中包括拆解工具、拆解方式、拆解参数（相关的辅助设备需要调整的参数，如压力、电压等），并将这些信息显示在工位上方的电子显示屏上，从而便于工人查看。其中拆解工具由工具管理员准备，并根据需要采用配送或自取方式。当所有的拆解工作完成后，报废汽车的车身需要被打包压缩。在该工位上，工人将 RFID 芯片取下，然后启动打包程序，取下的 RFID 芯片可以重复使用。拆解件经检测后，将可再用及再制造件送入仓库储存，

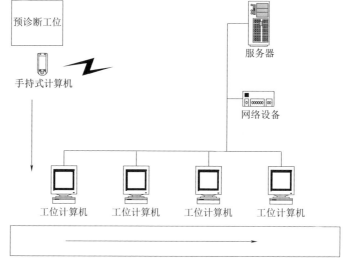

预处理　车轮拆解　内饰拆解　　发动机拆解　车身分离　　车身打包

图 3-20　报废汽车拆解计算机辅助工艺规划系统的硬件体系结构

并录入零部件入库信息，仓储件出库时则记录其流向信息。

通过对汽车拆解线作业管理系统的需求分析，结合 C/S（Client/Server）结构体系和工作思路，可以将整个作业管理系统的表现层和业务逻辑层作为功能结构设计主体，并将其分为系统管理、生产调度管理、看板管理、零件入库管理、生产设备管理及技术资料管理 6 个模块[120]，其功能如图 3-21 所示。

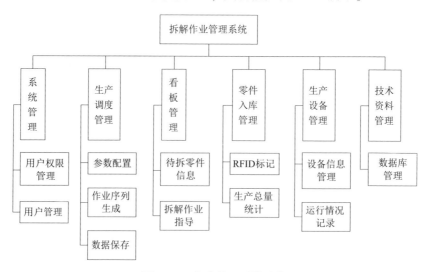

图 3-21　作业管理系统功能

（1）系统管理模块

系统管理模块主要包括用户登录管理、用户权限管理、工位人员信息管理、系统日志管理等。

（2）生产调度管理模块

这是本系统的核心模块之一，主要是对汽车拆解线上的待拆解车辆作业序列进行调度。在客户端输入本次的调度参数后，从数据库或本地导入待拆解车辆的拆解信息，算法自动计算出当前批次的最优拆解序列，并以甘特图的形式展现出各工位的理论拆解开始时间、结束时间。最后将当前的调度结果返回到数据库中。

图 3-22 为生产调度模块参数设置界面，系统预设了一些参数值，用户可以直接使用该参数或在该参数的基础上进行修改，点击确定按钮后，系统会将当前的参数设定传输到公共类中供计算功能子窗体调用，并且每次的参数设置情况都会有显示。该界面的每个参数都需要输入，否则会报错，无法进行下一项计算功能。

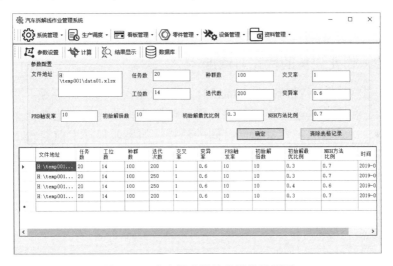

图 3-22　生产调度模块参数设置界面

（3）看板管理模块

通过电子看板可以显示当前阶段的拆解信息，使工人明确当前拆解任务并指导工人的拆解，电子看板还可以将上一阶段返回到数据库中的拆解信息即时地显示修改。看板管理模块包括作业计划的发放、作业指导书的显示、工位拆解情况的显示等功能。

（4）零件入库管理模块

零件入库管理主要是拆解零件的信息追踪和统计。利用 RFID 技术快速标记出拆解下来的有用零件，明确零件的批次及来源，方便对零件信息的管理，将当前阶段的拆解情况反馈到数据库，以修正下一阶段拆解计划。同时当前库内的零件信息也可通过本模块进行查询。

（5）生产设备管理模块

生产设备管理模块主要是对拆解线整体运行情况、管理人员的检查日志、各工位的拆解设备情况、辅助拆解工具情况等进行管理。

拆解线整体运行情况包括电机、减速器、传送带等运行及报警信息，拆解设备情况包括举升翻转机、举升机、扒胎机等设备的运行及报警信息，这些信息通过上位机组态软件对各主从站 PLC 采集完成。辅助拆解工具情况包括安全气囊引爆器、油液回收装置、油液分离器、切割器、剪切机等设备的使用维护情况，需人工记录形成电子报表。将这些报表以 Excel 表格的形式传递给 C/S 系统后，经 C/S 系统传递至数据库进行保存。

（6）技术资料管理模块

技术资料管理模块主要是提供了一个内外的接口，可以深入接触数据库，完成对数据库的修改和维护。本模块还负责各种资料的导入和导出、报表的打印、历史信息查询、库存信息查询，可根据登录用户的不同等级开通不同的使用权限。

3.4.2　作业任务的优化与调度

如图 3-23 所示，待拆解产品在品牌、规格、工况等方面都存在非常大的差异和不确定性，在拆解作业过程中，往往需要根据这些差异和变化来调整设备参数和工具类型，这就造成了大量辅助时间的消耗。如果能根据事前获得的信息对这些待拆解产品进行分组和优化排序，就能在拆解过程中大大减少这种辅助时间的消耗，提高整个拆解线的作业效率。

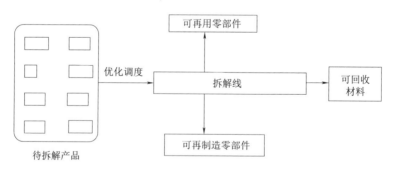

图 3-23　拆解作业任务优化与调度

针对上述问题，模型的符号定义如下：

n 为待拆解车辆总数，m 为工位总数；ji 为第 i 个待拆解车辆，wk 为第 k 道工序（工位）；$t_{(ji,wk)}$ 为车辆 i 在第 k 道工序上的拆解时间，$T_{(ji,wk)}$ 为车辆 i 在第 k 道工序上的拆解完成时间，当前拆解顺序 $\pi = \{1, 2, 3, \ldots, n\}$，$C(\pi)$ 为当前序列的完成时间。

$$T_{(j1,w1)} = t_{(j1,w1)} \tag{3-16}$$

$$T_{(j1,wk)} = T_{(j1,w(k-1))} + t_{(j1,wk)}, \quad k=2, 3, \cdots, m \tag{3-17}$$

$$T_{(ji,w1)} = T_{(j1(i-1),w1)} + t_{(ji,w1)}, \quad i=2, 3, \cdots, n \tag{3-18}$$

$$T_{(ji,wk)} = \max\left\{T_{(j(i-1),k)}, T_{(ji,w(k-1))}\right\} + t_{(ji,wk)}, \quad k=2, 3, \cdots, m; i=2, 3, \cdots, n \tag{3-19}$$

$$C(\pi, m) = T_{(jn,wm)} \tag{3-20}$$

式（3-16）表示车辆1在第一道工序的完工时间等于拆解时间；式（3-17）表示车辆1在第 k 个工位的完工时间等于上一个工位的完工时间加上第 k 个工位的拆解时间；式（3-18）表示每个车辆的第1个工位的完工时间等于上一个车辆的完工时间加上本工位的拆解时间；式（3-19）表示为将第 $i-1$ 个车辆在第 k 个工位上的完工时间和第 i 个车辆在第 $k-1$ 个工位上的完工时间进行比较，取较大的时间；式（3-20）是当前条件下的总时间。

为了便于分析，做出如下假设：

①每台车辆在每个工位上的拆解顺序相同；

②每个工位在某一时刻只能拆解一台车辆；

③一台车辆在某一时刻只能在一个工位上进行处理；

④车辆在工位上的拆解不考虑中断问题；

⑤不考虑车辆转运时间。

式（3-16）~式（3-20）展示了如何计算拆解规模为（n, m）、拆解序列为 π 的汽车拆解完工用时。假设可能的拆解顺序有 x 个，即拆解顺序 $\pi = \{\pi_1, \pi_2, \cdots, \pi_x\}$ 时，我们需要找到序列 π_x，令 $C_{\max}(\pi, m) = C(\pi_x, m)$，使总拆解时间最短。

计算实例：某汽车拆解厂是一家专业的大型物资回收企业，该企业年拆解汽车10万辆，收集20台汽车拆解数据（如表3-8所示）用于算法的验证，将调度前后的拆解时间进行对比，并以甘特图的形式呈现。20辆汽车在大型拆解线上调度前的甘特图如图3-24所示，调度后的甘特图如图3-25所示。

表3-8 报废汽车拆解数据

车辆	工序													
	1	2	3	4	5	6	7	8	9	10	11	12	13	14
Car1	8	8	8	8	2	8	4	2	8	8	8	6	8	8
Car2	4	4	8	8	4	8	4	6	8	6	4	8	6	6
Car3	4	8	8	8	4	8	4	8	4	8	4	8	8	8
Car4	8	8	4	4	4	8	8	8	8	8	8	8	8	8
...						...								

车辆	工序													
	1	2	3	4	5	6	7	8	9	10	11	12	13	14
Car16	8	8	4	4	4	4	8	4	4	4	8	8	8	8
Car17	8	2	4	4	4	4	8	4	8	8	8	8	8	8
Car18	6	4	8	8	8	4	4	8	4	8	8	8	8	8
Car19	8	8	8	8	8	8	8	8	8	2	4	8	8	8
Car20	8	8	4	4	8	4	8	4	2	8	8	8	6	8

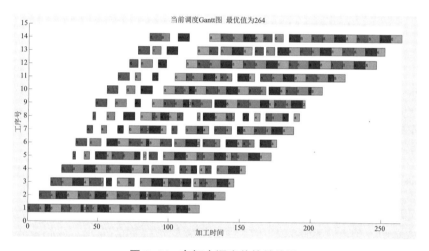

图 3-24　车辆未调度前的甘特图

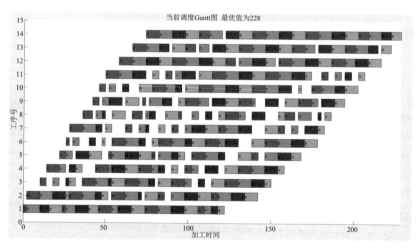

图 3-25　车辆调度后的甘特图

经计算未调度前用时为 264 min，调度后用时为 228 min，用时相比减少了 13.6%（36 min），可见经调度计算后降低了整体的拆解用时，减少了设备的空闲时间，提高了整体的工作效率。此外，车间管理人员可根据甘特图来确定每次调度的瓶颈环节，通过加派"自由人"以消除拆解的不确定带来的生产延误，并在一定程度上平衡各工位之间的工作负荷。

图 3-26 为生产调度模块计算结果显示界面，通过获取公共类中的信息，对封装好的 Matlab 功能函数进行调用，完成对车辆拆解信息的作业调度计算。用户可以得到仿真结果的详细信息，包括机器数、工件数、最优序列、最优值、计算用时等信息，还会显示本次计算的甘特图（窗体会另外弹出一个大的甘特图方便查看）。计算信息除了在当前界面的 DataGridView 控件内显示，也需传输到数据库内方便对计算情况进行查阅。

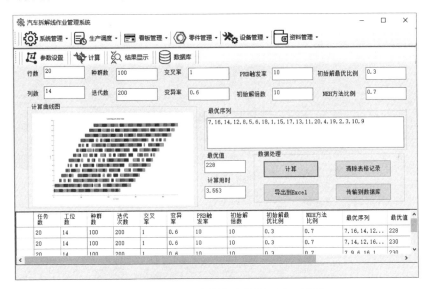

图 3-26　生产调度模块计算结果显示界面

图 3-27 为生产调度模块的结果查询界面，该界面提供多条件组合查询功能，即用户可填写多个查询条件获得想要的信息，如不输入查询条件则会显示 1 000 条以内的数据库信息（系统对显示条数无限制，但过大的查询显示量需要很长的加载时间），支持 Excel 的导出功能。Excel 的导出功能是通过动态链接库实现的，可以实现在无 Office 应用软件的情况下完成 Excel 的读写。

图 3-28 为看板管理模块界面。电子看板的添加子窗体和修改子窗体界面类似。在添加待拆车辆的信息到数据库时，无须输入看板编号，看板编号会在调度计算后由系统进行分配。看板管理模块的查询子窗体界面和图 3-28 功能类似，此处不再赘述。

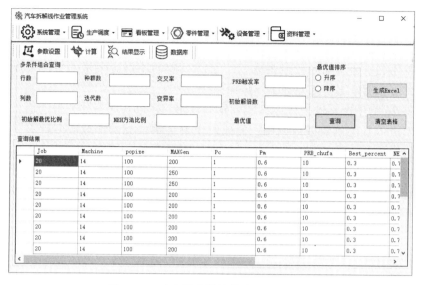

图 3-27　生产调度模块的结果查询界面

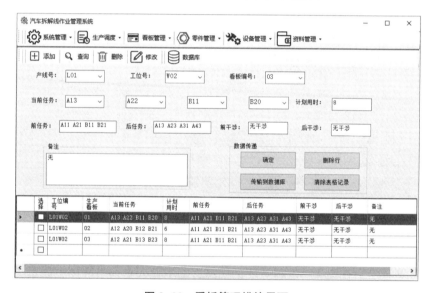

图 3-28　看板管理模块界面

图 3-29 为设备管理模块的零件信息录入界面，在该界面将车辆信息录入数据库后，RFID 专用的读写软件访问数据库后即可将这些信息写入 RFID 标签内。需要强调的是，如果是零件信息预录入，则无须输入车辆编号、产线号及工位号。

图 3-29　设备管理模块的零件信息录入界面

3.4.3　基于看板的拆解系统作业管理

作业管理系统的总体结构如图 3-30 所示。系统的主体部分包括知识库，即拆解规则，以及车型数据库和拆解工艺规划模块，其中车型数据库主要记录和保存

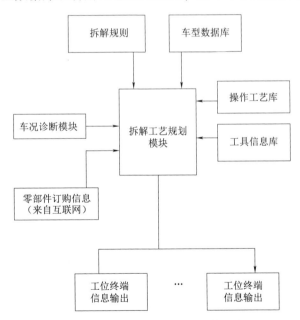

图 3-30　作业管理系统的总体结构

车型的主要零部件参数信息。拆解工艺规划模块是根据产生式规则的推理机制来设计和实现的，用事先定义的部分破坏式拆解规则来判断一些主要零部件的拆解方式和所采用的工具类型。车况诊断模块用于记录车况的诊断参数并将其输入系统。此外，零部件订购信息是与互联网相连的数据接口，用于输入一些特殊零件的需求信息，以供系统进行处理。如引擎盖一般作为材料回收进行处理，既可以通过破坏式拆卸来操作，但如果有外部需求订单，则符合该要求的品牌车辆引擎盖需要通过无破坏方式拆卸，这种操作信息就需要及时地输出并显示到拆解线的操作工位上。

　　拆解工艺数据模型主要由基本信息、拆解信息和拆解过程工艺信息组成。基本信息主要包括汽车的零部件结构信息，以及相关属性（如图 3-31 所示），此外，还包括汽车的参数信息。拆解信息主要通过图片形式描述待处理部件在汽车中的位置和处理部件时关键操作位置，通过拆解演示视频示范部件拆解处理的标准操作方法，通过工位终端进行配置并输出后提供给操作工人作为作业指导。拆解过程工艺信息主要描述拆解对象的材料属性，采用什么样的拆解模式，使用什么型号的工具，具体操作步骤、拆卸路径和一些设备关键工艺参数的设定。拆解工艺数据管理模块的功能就是完成汽车拆解工艺的编辑，工艺人员上传某个型号汽车的各部分拆解资源，包括文档、图片和视频，并对新车型的拆解信息进行编辑和管理。

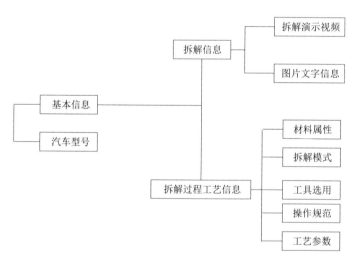

图 3-31　报废汽车的拆解信息模型

　　看板管理系统的硬件主要由工位计算机和显示器构成。工位计算机配有许多接口，可以进行信号的输入和输出，包括和工位 RFID 阅读器的连接。每当拆解线完成一个工作节拍后，链板机就会启动，将所有车辆转运至下一个工位然后停止。链板机的启停状态通过触碰到限位开关来判定，将限位开关的状态信息传递给服务器后，各工位的浏览器页面会更新。一般来说，拆解线的浏览器每个节拍会刷新两次，当链板机启动时，电子看板会显示出下一辆车在当前工位的信息。链板机每次启停约需 50 s，工位上的工人如若在拆解阶段未能完成信息录入工作，可在这段转运时间内补录。每个工位每种零件提前准备了四种写入好信息的 RFID 标签，只需将相应的 RFID 标签和 RFID 阅读器进行触碰即可完成信息录入，这种方式简单便捷，但会略微提高成本。

图 3-32 为工位浏览器端显示的看板，图中的 L01W02 表示 1 号线的第 5 个工位，该看板内容显示了前后工位的干涉情况、当前任务编号及信息提醒。最后一行的信息为前项任务和后项任务的编号信息。

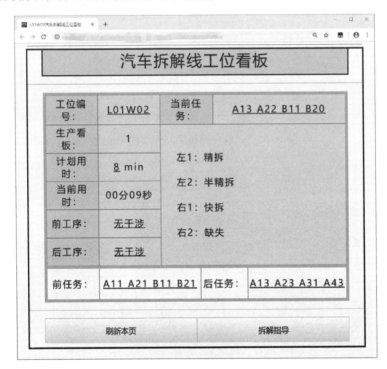

图 3-32　汽车拆解线工位看板

图 3-33 为工位计算机上的作业指导信息，该信息也可以简化形式显示在工位显示屏上。工位显示屏的用户界面如图 3-34 所示。当携带有 RFID 卡的报废汽车托盘到达某个拆解工位后，工位上的读卡器读取报废汽车的基本信息，然后服务器根据这些基本信息推理出拆解操作的指导信息，同时从数据库中读取相关的拆解信息。拆解信息由视频、图形、文字组成，工人也能通过小键盘对拆解信息进行分类阅读和进一步查阅相关信息。

除了显示拆解操作信息，系统也对不同工位上的拆解工具进行了管理和调度。

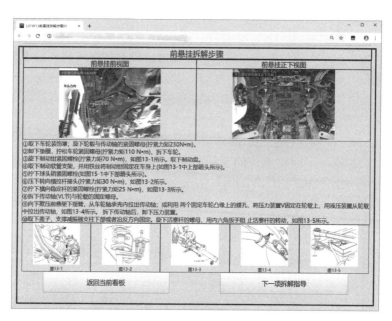

图 3-33　工位计算机上的作业指导信息

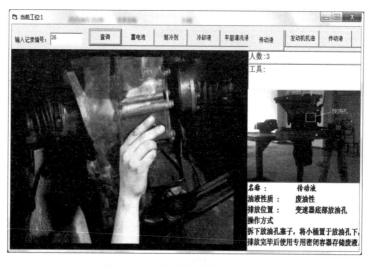

图 3-34　工位显示屏的用户界面

工具信息包括工具名称、工具编号、工具数量、工具类型和工具使用维护信息。

在根据知识库推理拆解信息的同时，也对需要的拆解工具进行搜索和选择。分别选择车型、零部件、拆解工具及其数量以完成工具的匹配，当需匹配多个工具时，应按照操作顺序排列。工具管理与调度模块主要包括工具调度、工具计划管理等功能。其中工具调度是指根据各工位当前拆解任务发送工具的准备信息，并进行工具的借用管理，包括对工具的借用人、借用日期进行记录和管理。

　　由于报废汽车车型众多，其拆解过程的操作程序所包含的信息量也很多。设计一种完全智能的拆解工艺规划系统是不现实也是不必要的。从目前报废汽车拆解企业的实际状况来看，主要希望解决的是拆解过程的信息管理，同时对拆解过程的关键步骤提供提示性帮助。因此，充分利用计算机网络的信息管理功能和检索功能来完成报废汽车拆解线上的工艺规划与工艺管理是较为合理的。

3.5　拆解线的集成控制

3.5.1　拆解线的控制方式与通信

　　报废汽车拆解线是依靠位于地下面的链板输送带在不同工位转运车辆，相较于定点式拆解，无须叉车频繁地在各点位间进行上下车搬运。每条拆解线还配有2~6 台的举升机和翻转机进行车辆底部拆解。汽车拆解线根据规模可分为大、中、小三种类型，大型拆解线有 14 个有效工位，中型汽车拆解线有 8 个基础拆解工位，小型拆解线有 5 个基础工位。大、中、小型拆解线的工位数和年拆解量不同，但基本功能无异。

　　小型线 5 个工位分别要对经过预处理的汽车进行车前部件拆解（发动机周边、前后车门、车轮）、发动机拆解、底盘拆解、车身线束拆解。针对汽车底部的拆解工作，配有举升机和翻转机，链板机、举升机和翻转机均由独立的 PLC 模块控制[121]。报废汽车拆解线的基本结构和工作流程如图 3-35 所示，其实物结构和主要设备如图 3-36 所示。

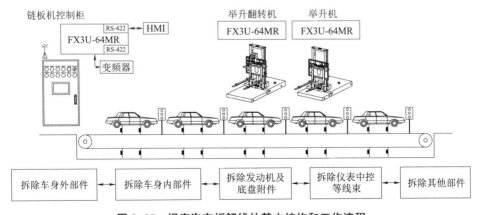

图 3-35　报废汽车拆解线的基本结构和工作流程

图 3-36　报废汽车拆解线的实物结构和主要设备

　　报废汽车拆解线的控制系统总体结构如图 3-37 所示，主要由控制部分、现场通信部分、远程通信部分、视频监控部分以及执行部分组成。

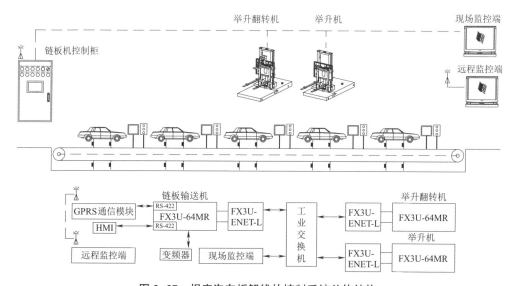

图 3-37　报废汽车拆解线的控制系统总体结构

　　现场通信部分指的是 PLC 间通过 FX3U-ENET-L 以太网模块进行数据传输，传递 PLC 内的数据；远程通信部分指的是通过 GPRS 通信模块以流量传输的方式传递给远程 PC；视频监控部分是辅助性的，监控室可以实时观看拆解过程的监控视频。

　　控制部分分为主站控制和从站控制。主站 PLC 通过控制变频器控制电机运转，并可通过 HMI 触摸屏进行操作，主站 PLC 读取从站 PLC 执行情况并将拆解线工作状态传至监控端；从站 PLC1 控制举升翻转机，从站 PLC2 控制举升机，它们都通过接近传感器或接近开关确定位置。

完成了上下位机的编写工作后，我们需要对上位机间、上下位机间的通信进行配置，保证数据的传输。目前常用的方式有两种：一种是各个PLC将数据传输到组态软件（Supervisory Control and Data Acquisition，数据采集与监视控制），再由组态软件进行数据反馈；另一种是PLC间通过直接访问IP地址进行数据的读取，组态软件再读取主站PLC的数据（如图3-38所示）。通过权衡比较，第一种方法较为简单快捷，且保证了在监控未开的情况下设备不会运行，因此我们选用第一种通信方式。

（a）　　　　　　　　　　　　　　　　　　（b）

图3-38　两种通信方式比较

三台PLC都通过FX3U-ENET-L以太网模块和工业交换机进行连接，再将数据传输到上位机软件中。因此，我们首先需要通过FX3U-ENET-L Configuration Tool软件对三台PLC和现场PC的IP地址的读写进行设置。接入交换机的设备都需要按地址格式192.168.X.X进行设置，第一个X的范围是0~10，第二个X的范围是2~254，端口号设置范围1025~65534。最后设置以太网模块的路由功能，保证设备可以通过交换机与服务器连接，根据实际设置子网掩码和默认网关。

分配好各IP地址后，在组态软件中输入对应设备的IP地址和端口号，最后将对应的内存变量设置成相应的I/O变量。到此基本完成设置，最后在同一个局域网内可通过启动设备进行调试，确认组态软件能收到PLC信号。

3.5.2　拆解线的数据管理

PLC和组态软件完成通信后，我们再以组态软件为中转平台，建立PLC和数据库间的数据传递，使数据能够传输到拆解线作业管理系统中，其中的关键步骤之一是组态软件和数据库通信的建立。建立组态软件和数据库通信，一方面是为了保存PLC运行过程中的数据，另一方面是为了给看板系统的实时刷新提供状态信息，因此有很重要的意义。数据传输过程如图3-39所示。

组态软件和MySQL数据库的通信是借助于微软的ODBC（Open Database Connectivity，开放数据库互连）完成的，ODBC作为一种软件驱动程序，为数据库和其他应用程序提供了一套标准接口，简化了通信过程。整个通信过程的配置过程如下：

①在MySQL建立对应的数据库、数据表及需要传输的变量名。

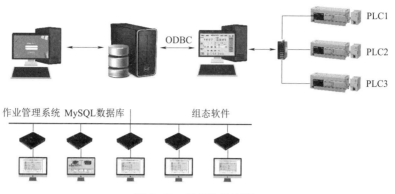

作业管理系统 MySQL数据库　　　　组态软件

图 3-39　数据传输过程

②安装 MySQL 的 32 位 ODBC 驱动，并添加 MySQL ODBC 8.0 ANSI Driver，在其界面输入数据库登录信息。

③打开组态软件，在其数据词典里建立需要的变量及名为 DeviceID（存储数据库连接的分配连接号）的内存整型变量，并新建记录体，在记录体内添加变量字段（记录体类似组态软件提供的临时表格，用以存储记录每次更新的变量数据）。

④在组态软件内进行连接测试，会用到三条重要的 SQL 函数。

%ODBC 数据库连接命令：SQLConnect（DeviceID，"dsn=；uid=；pwd="）；

%ODBC 数据库停止连接命令：SQLDisconnect（DeviceID）；

%ODBC 数据库插入命令：SQLInsert（DeviceID，"TableName"，"BindList"）。

其中，dsn 是进行 ODBC 配置时命名的数据源名称，TableName 为数据表名称（ODBC 配置时已指定数据库），BindList 为待传送的记录体名称。

⑤配置好软件间的通信后，在组态软件的应用程序命令语言中编写 C 语言脚本，并在组态软件的主界面内建立按钮并调用数据库函数命令，即可完成 PLC 数据—组态软件—数据库的传输过程。

3.5.3　集成控制的监控系统

为了使拆解系统能安全可靠地工作，必须对组成系统的各设备进行统一协调控制。系统的管理人员应当对设备的总体运行状况进行实时监控，当个别设备出现异常时及时停止系统的运行，从而避免安全事故。监控系统的主要结构和功能如图 3-40 所示。

①对现有 PLC 控制程序改进，使其实现工位 PLC 设备间的通信及联动。

②通过上位机组态软件对 PLC 数据进行采集与传递，对 PLC 和工位的运行状态进行监控。

③将 PLC 数据传递到 MySQL 数据库，使作业调度系统可获得 PLC 的动作情况，使看板系统的功能得以实现。

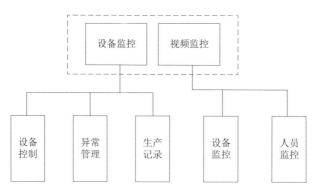

图 3-40 监控系统主要结构和功能

这里用组态软件作为开发平台来监控现场设备的各种运行状态。组态软件是上位机软件中的一种，是数据采集和过程控制的专用软件。其具有标准化、模块化的特点，且界面友好、接口丰富，具有强大的数据库功能，并可以根据需要进行二次开发。系统既可在现场监控室使用，也可作远程监控维护。该监控系统包括工作界面、启停记录、报警记录、计划设定、视频监控 5 个监控界面，可通过点击切换按钮进行查看。组态界面的运行动画、报警记录、启停记录等功能是在组态王的命令语言中采用 C 语言脚本程序实现的。

在工作界面可直观地看到各工位的工作状态（由信号灯的颜色变化进行显示）以及子站 PLC 设备的工作情况。当拆解线运行时程序界面里的小车也会移动，由于链板机在自动模式下运行速率一定，因此可以实现同步运动。另外，在该界面的下方有高级用户的操作控制工具，只有在登录后才可以进行工位远程控制。监控系统的用户主界面如图 3-41 所示。

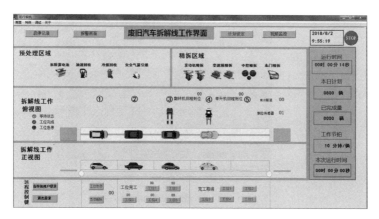

图 3-41 监控系统的用户主界面

图 3-42 为运行记录界面，在界面中可详细查看系统启停、各工位完成时间等情况。支持数据一键导出到 Excel 办公软件中，方便对拆解数据进行统计，组建企

业自己的数据库。

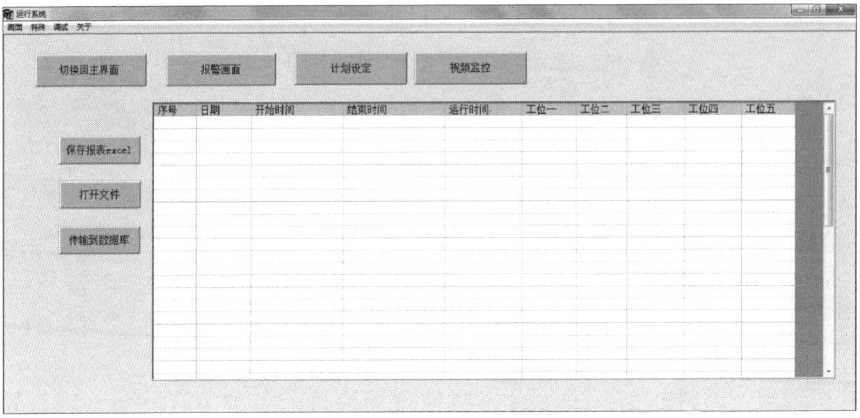

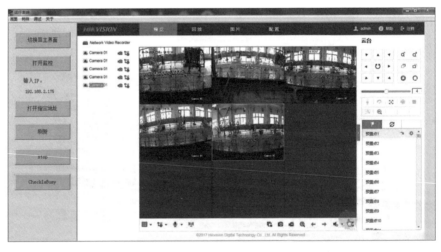

图 3-42　运行记录查询界面

图 3-43 为上位机监控界面。每个工位的上方都安装了摄像头，在车间总控室里接入硬盘录像机后，可通过打开海康威视的萤石云或在浏览器端通过访问硬盘录像机的 IP 地址进行访问。为了方便使用选择后者，在上位机内通过浏览器打开监控端的控制台。通过引用浏览器的 ActiveX 控件（KingHtmlView.ocx），将控件复制到组态软件（组态王）安装目录下并注册，在组态王画面内绘制通用控件并引用插入的 ActiveX 控件，从而在上位机内对拆解实况进行监控。

图 3-43　上位机监控界面

3.6 环保设计

3.6.1 一般性污染物处理要求

一般性污染物主要包括工业企业普遍要求的水、废气、粉尘、噪声等排放指标。在这些领域中国家不仅出台了一般性的法律法规[122]，如《中华人民共和国大气污染防治法》《中华人民共和国固体废物污染环境防治法》等，也出台了很多针对特定废旧产品处理的法律法规，如《报废汽车回收拆解企业技术规范》（GB 22128—2008）、《报废机动车拆解环境保护技术规范》（HJ 348—2007）、《废弃电器电子产品处理污染控制技术规范》（HJ 527—2010)、《再生资源回收管理办法》等。

除了国家层面的法律法规，很多地方政府也根据自己的区域特点和环保要求，相继出台了一些地方性的法律法规和技术标准。为此，拆解企业在建厂初期和经营过程中，都必须严格遵守这些法律法规和技术标准[123]，从企业选址、厂房设计、设备配置等不同方面严格把关，并根据区域环境要求，选择合理的拆解和处理工艺，这样才能在拆解处理废旧机电产品的同时，最大限度地降低对环境的影响。

3.6.2 特殊废弃物处理

特殊废弃物是指拆解废旧机电产品所产生的废弃物，特别是危险性固体和液体废弃物。此类固体或液体废弃物也应当严格遵循国家的相关规定，按照《国家危险废物名录》（每年更新）的具体要求和执行标准，对涉及的危险废弃物进行预处理后转运到具有资质的处理企业进行专门化处置，从而确保机电产品拆解过程中的环保要求。

3.7 本章小结

拆解系统的设计不同于普通工业产品生产线的设计，应当综合考虑一定区域内废旧机电产品的回收量，同时考虑废旧机电产品回收过程中所存在的不确定性。此外，拆解过程中零部件再利用的方式也受到技术更新的影响。必须在综合考虑这些因素以及拆解企业所具备的综合资源的前提下，设计出优化的布局方案和设备组成方案，最后在此基础上形成相对稳定的拆解工艺路线。

第4章
自动化拆解装备

在一个高效的拆解系统中，为了提高整体的作业效率，必须针对主要的瓶颈环节和高危环节，设计和布置专用的自动化拆解装备。在拆解系统中，要求自动化拆解装备具备较高的灵活性和适应性，以解决实际作业过程中的不确定性问题。本章主要针对自动化拆解装备的设计原则，以及主要的技术部分进行分析和说明，并给出了若干应用实例。

4.1 自动化拆解装备概述

4.1.1 自动化拆解装备特点

自动化拆解装备包括组成拆解系统的各类专用和通用设备，以及各类工具、辅具等。在设备的构成、调节方式、控制方式上与普通的自动化设备，尤其是自动化装配设备有着很大区别。产品的自动化装配是在产品结构明确、零部件质量有保证的前提下，按照特定的装配工艺将零部件组装成产品的过程。而废旧产品的拆解与新产品的装配有着很大不同，从装配设备与拆解设备的角度来看，可以归纳如下：

①面对多样化拆解对象时，具有工作范围自动调节的能力；
②应当具备自动检测和测量的能力，以确定执行机构的运动参数；
③在处理一定轨迹的切割和分离任务时，应当具备轨迹的自动规划能力；
④面对不确定拆解对象时，具有负载感知和过载提示的能力。

4.1.2 自动化拆解装备主要类型

按照处理工序的前后，可以将拆解装备分为以下主要类型，其工作目的、设计方法也是有区别的。

（1）预处理设备

预处理设备主要用于废旧产品正式拆解前的污染物或有害物质收集，特别是气体和液体形式的物质。以废旧汽车回收拆解为例，制冷剂回收、废油液回收、废电池分离等都属于预处理的范畴。我国规定有些含有危险废弃物的零部件和材料也必须在预处理阶段按照相关规定进行分离和处理，例如规定汽车安全气囊必须在整车拆解前进行分离，其相关设备和工具也属于预处理设备的范畴。

（2）传输与位置转换设备

废旧产品拆解的作业方式有多种，可以按照生产线模式来组织，也可以按照多点作业的模式来开展。无论哪种形式，都需要废旧产品的传输设备。在拆解过程中，往往需要在废旧产品的不同位置上进行作业，这就需要对废旧产品的空间位置进行调整。采用通用的工业起重设备，如行车，不仅效率低，而且在处理废旧产品的过程中容易因为零部件失效而造成事故。因此，需要设计专门的翻转设备来调整废旧产品的空间位置，从而便于拆解作业的实施。

在拆解过程中，往往需要通过多个工位来对废旧产品进行预处理和各项拆解工作。根据废旧产品质量和体积的大小不同，应当采用不同的传输系统将废旧产品从一个工位传输到下一个工位。对于报废汽车一类体积和质量都较大的对象，可以采用链板式输送线（如图4-1所示）或者滑橇式输送线（如图4-2所示）；而对于废旧家电等质量和体积都较小的对象，则可以采用托辊式输送线。此外，传输系统的布置形式还应当充分考虑拆解工序的合理分布。

图4-1　链板式输送线

图 4-2　滑橇式输送线

（3）废旧产品的定位与转换装置

在拆解过程中，需要对废旧产品的空间位置进行转换与调整，特别是大型产品，往往需要专用设备进行位置的调整。图 4-3 是报废汽车翻转举升机，图 4-4 是变速器拆解翻转台。这类废旧产品的位置定位与转换设备不同于一般生产用的定位设备，其必须具备一定的柔性和可重构性，且保证生产过程中的安全性。

图 4-3　报废汽车翻转举升机

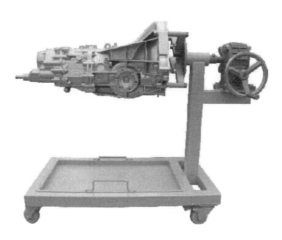

图4-4　变速器拆解翻转台

（4）分离设备

分离设备是拆解设备中的主要类型。分离设备既包括通用型设备，也包括只能处理特定工序的专用设备。从废旧产品的拆解方式上看，又可以分为破坏式拆解设备和非破坏式拆解设备。

在废旧产品的拆解过程中，需要根据拆解目标，将被拆解的零部件通过无损方式或部分破坏方式从产品中分离出来。虽然普通的维修工具也能用于拆解作业，但是其工作效率往往不能满足大批量废旧产品拆解作业的要求。因此，必须设计专用的高效拆解和分离工具。图4-5（a）是螺栓快速拆解专用工具，图4-5（b）是报废汽车线缆快速破坏性拆解专用工具。

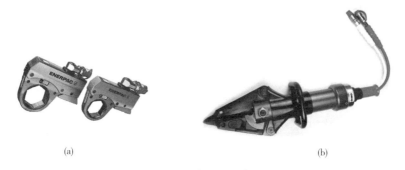

(a)　　　　　　　　　　　　　　　　　　　　(b)

图4-5　废旧产品拆解专用工具

（a）螺栓快速拆解专用工具；（b）报废汽车线缆快速破坏性拆解专用工具

除了上述专用拆解工具，对于一些有害或危险产品的拆解，还需要设计开发专用的分离设备。图4-6是废旧电视机CRT切割机。由于显像管中含有铅玻璃，需要单独处理，另外，显像管中的荧光粉具有回收价值；因此，通过专用设备来进行切割分离操作，既可以提高生产效率，也可以提高资源的再利用效率。

图 4-6 废旧电视机 CRT 切割机

（5）后处理设备

后处理设备主要包括再制造设备和破碎分选设备两大类。对于可以再利用的零部件，可以通过再制造设备进行修复和处理，使其恢复原有功能后再次服役。对于那些失去再利用价值的零部件，可以进行材料层面的再利用。通过破碎、分选、再生等工艺，将其制成再生材料重新加以利用。

4.2 自动化拆解装备设计

4.2.1 自动化拆解装备的设计原则

（1）拆解装备的柔性化能力设计

普通制造业中的自动化设备以完成特定的作业任务为目标，被加工零件或产品的几何特征信息是明确的，加工参数也是确定的。而对于拆解领域中的自动化装备来说，由于待拆解产品在规格和参数上的差异性较大，特别是产品的几何结构信息一般是无法获得的，所以要求拆解装备具有较强的适应能力和调节能力。

从提高设备适应能力的方面看，可以从三个方面入手进行拆解设备的设计。首先，增加设备操作部分的调节能力，使设备在操作范围、驱动力等方面能够进行调节，以适应不同的待拆解产品。其次，增加工具或部件的更换能力，通过更换不同的工具头来适应待拆解产品的变化。最后，通过数字化的感知和控制来提高设备的适应性。这是一种最为有效的设计方法。

（2）拆解装备的自动化设计

从设计理念上看，普通制造业的自动化设备，其设计是以高效率和节省人力为首要目标。而在拆解领域中，应当是"以人为中心的自动化"，目的是在危险环节、繁重体力劳动的环节、有损身体健康的环节采用自动化装备来代替人工，进而提高劳动生产率。因此，在拆解领域中，自动化设备的设计首先应当是以提高适应能力为目标，然后才是设备的效率[124-125]。

（3）拆解装备的安全性和可靠性设计

由于待拆解产品中存在局部损伤或强度减弱而产生的部分脱落，如果缺乏相应的安全装置，就会对操作人员造成人身伤害，所以应当在拆解装备的夹持、分离机构上安装必要的保护装置。此外，在作业过程中往往会因为待拆解产品的锈蚀和损坏而造成局部拆解装备过载，这就要求设备具有良好的预测能力和自保护能力，通过对紧急情况的预测和处理来提高设备的可靠性。

（4）拆解装备的环保型设计

对于拆解处理过程中产生的粉尘、烟气等排放物，应当设计专门的吸收和处理装置，以确保拆解过程不会产生二次污染，同时对于操作人员的职业健康也能起到保护作用。

自动化拆解装备的设计包括机械系统设计、驱动系统设计、控制系统设计等，下面结合具体设计实例进行说明。

4.2.2 机械系统设计

在自动化拆解装备的设计过程中，机械系统的设计起着总体设计的作用，其基本流程如图4-7所示。

机械系统设计的首要任务是确定设备的工作参数和范围，这个工作范围确定了机械系统的设计依据。机械系统的主要组成部分包括机架设计、执行机构设计、分离工具设计，以及后续的驱动系统设计和控制系统设计。至于具体的支撑部件、连接部件和传动部件的选型计算等工作，和一般性机械设计相同，此处不再赘述。

在确定设备的工作范围时，首先要获取充分可靠的废旧产品的统计数据，然后根据不同类型废旧产品的数量以及拆解设备的处理能力来确定工作范围，并进一步确定设备的工作范围（行程）、负载范围（驱动能力）和主要部件的强度参数[126]。对于专业从事拆解设备设计生产的企业而言，也可以设计出不同工作范围的拆解设备，以供拆解企业选用。

首先是机架或机座的设计。相较于一般的机械设备，拆解设备的机座设计应当更强调总体刚度和关键位置的局部刚度，特别是连接部位在特殊负载和不平衡负载作用下的影响，这些特殊情况应当作为机架或基座设计的校核参数，从而确保设备的安全可靠运行。

其次是设备的执行机构设计。一般的机械设备侧重于工作过程中的重复精度，而拆解设备要更多地考虑在工作过程中的不均衡负载，或者是待拆解产品突然破坏引起的冲击载荷对执行机构的影响。

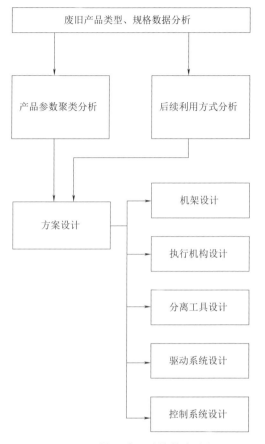

图 4-7　机械系统设计的基本流程

　　自动化拆解设备应当充分考虑到系统过载时的自我保护功能,通过加装阻尼装置或专用传感器来保证系统在作业过程中,一旦发生过载能够及时终止操作,不至于因此损坏设备或造成人员伤害。

4.2.3　驱动系统设计

　　拆解装备中常见的驱动方式包括电动、气动、液压等方式。由于这些驱动方式在定位精度、负载能力等方面各有不同,在设备的不同功能单元中应当有选择地使用。这三种驱动方式的主要特点如下:

　　①电动方式,主要是伺服电动机,包括交流伺服电动机和直流伺服电动机。这种方式具有结构紧凑、控制灵活的特点。伺服电动机通过驱动器可以直接接收计算机的控制指令,而且通过总线方式还可以反馈当前的工作力矩和位移速度等参数。但是当功率或驱动扭矩较大时,其成本会大幅度上升。

　　②液压驱动在拆解设备的剪切、举升和压缩等方面是主要的驱动方式。相较

于电动方式，它可以用较小的执行装置（液压缸、液压马达）获得较大的驱动能力，而且能够在一定范围内灵活地进行速度和行程的控制；但是相较于电动方式，其控制装置要复杂得多。

③气动驱动的控制方式与液压方式类似，但是其工作介质空气具有较大的可压缩性，这种特点决定了执行器可以在一定负载下进行自适应调节，不至于因为过载而损坏。但同时也因为这种介质的可压缩性，决定了执行机构在工作过程中可能存在速度上的不稳定性。

对于位置转换设备及剪切式分离设备，由于要求具备较高的负载能力，采用液压驱动既便于集中控制，也能保证驱动力在一个较大的范围内进行自动调节。而对于具有位置精度要求的场合，如后面将要说明的挡风玻璃切割机，采用伺服电动机驱动方式可以很好地保证定位精度，通过上位机的控制指令能够很方便地实现位置、角度和扭矩的控制。需要说明的是，目前步进电动机虽然也能实现角度和位移的控制，但是由于其一般属于开环控制，在较大负载情况下容易发生丢步现象，因此在拆解装备的驱动上不建议采用。气动方式在普通制造业中应用非常普遍，在拆解设备中可以作为手动工具的驱动方式，以及拆解设备的辅助驱动，例如对小负载零件进行夹持和移动。

4.2.4　控制系统设计

目前在制造业的设备控制方面有多种不同的技术和方式，如单片机（MCU）、PLC、工业控制计算机等。这些控制手段在计算能力、开发难度、开发周期方面也都存在着很大不同，在决定自动化拆解设备的控制方案时必须进行综合考虑。表4-1列出了这些主要控制方式的特点。

表4-1　主要控制方式的特点

控制方式	特点	开发工作与周期
PLC	可靠性高，具有丰富的扩展模块	主要编写梯形图程序；周期较短
工业控制计算机	运算能力强，具有丰富的软硬件结构，能够实现复杂任务的执行	接口卡选型，开发上位机软件；周期较长
单片机	型号规格丰富，需要根据特定场景和要求进行定制开发	电路设计，程序设计，系统调试；周期较长

从表4-1中可以看出，在开发通用化拆解装备时，例如翻转设备、转运设备等，由于其使用模式相对固定，设备的运动参数变化不大，可以采用开发周期短、可靠性高的可编程控制器作为设备的控制方式。

对于一些专用的自动化拆解设备，其传感器类型众多，如包含图像数据，在设备的动作方面需要有多轴联动控制，以实现复杂路径的控制。采用工业控制计算机是一种较为可行的方式，这种控制方式能够提供多种不同的数据通信接口，也允许用户另外安装自己的运动控制模块、图像采集模块等专用工具，可以快速扩展系统的功能。除了采用工业上的通用传感器，也可以针对待拆解产品的特点研发一些专用传感器和检测工具。

对于一些小型设备，由于在作业过程中操作简便，且电气控制箱空间有限，因此可以采用基于单片机的嵌入式系统开发专用的控制器来实现设备的控制。

当然不同控制方式之间并非完全独立，可以通过一些标准的通信接口来实现相互间的数据通信和状态感知，从而完成较为复杂的作业任务。

4.2.5 设计实例：挡风玻璃切割机

为了完成报废汽车挡风玻璃的切割任务，需要挡风玻璃切割机具有相应的自由度，而自由度数也是衡量挡风玻璃切割机工作灵活度的重要标准。如图 4-8 所示，挡风玻璃自动切割机主要由龙门机构、旋转机构和三坐标滑台机构三部分组成，共有 7个自由度。其中，龙门机构具有 1 个自由度，可使旋转机构与三坐标滑台机构在竖直方向滑动；旋转机构具有1 个自由度，可使三坐标滑台机构在空间内转动。在对报废汽车挡风玻璃切割前，可通过龙门机构与旋转机构调节三坐标滑台机构的工作高度和角度，使切割机不仅可以对轿车进行挡风玻璃切割，还可以对一些大型车辆进行切割，扩大切割机的使用范围。龙门机构与旋转机构只在切割之前对

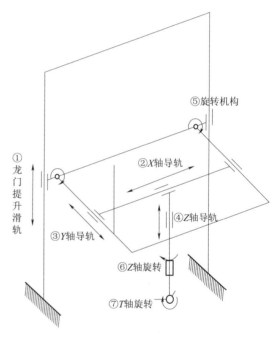

图 4-8 挡风玻璃切割机结构

切割机工作高度及角度进行调整，在切割报废汽车挡风玻璃时，龙门机构与旋转机构不参与运动。三坐标滑台机构具有 5 个自由度；其不仅可以进行水平（X 轴）、前后（Y 轴）、垂直（Z 轴）方向的运动，将滑台机构末端移动到工作空间内任意一点；而且在 Z 轴上增加了 Z 轴自转（R 轴）和同 Z 轴相切的旋转轴（T 轴），R 轴和 T 轴的旋转可以确定末端姿态，使滑台末端的等离子枪能够垂直车身曲面并对汽车挡风玻璃边缘进行切割，提高切割质量。

切割机驱动系统包括驱动器和传动机构，它们是切割机运动的动力提供单元。

驱动单元指的是伺服电动机及其驱动器。目前常用的驱动方式按动力源不同可分为液压、气动、电动三种类型，从响应速度、负载能力和控制精度的角度出发，这里选用交流伺服电动机作为驱动元件。

4.3 基于机器人的自动化拆解

4.3.1 机器人拆解的作用

相对于拆解领域中的专用设备，工业机器人具有操作更加灵活、便于和其他设备协同工作的优点。如果能够给其配备高性能的检测和控制程序，工业机器人也可以在拆解领域发挥重要的作用。从目前的应用来看，工业机器人适用于在具有一定危险性和劳动强度较大的作业任务中替代人工操作。相对于专用设备，工业机器人用于拆解设备能够大大缩短开发周期和降低成本。

利用机器人拆解可以将一些传统上较为粗放的处理工艺改造为基于精细拆解的废旧产品处理工艺。以废铅酸电池的处理工艺为例（如图 4-9 所示），首先将废铅酸电池进行整体破碎，然后通过分选设备将金属物料和非金属物料进行分离，最后将破碎的铅块、塑料等进

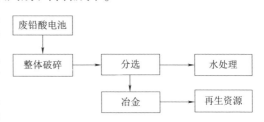

图4-9 废铅酸电池的传统处理工艺

行回收处理，过程中产生的废水需要专门处理以减少污染。这种方式的二次污染是显而易见的。图 4-10 是基于拆解的废铅酸电池处理工艺。首先对电解液进行回收和处理，然后对废铅酸电池进行部分破坏式拆解，将铅板取出，最后对剩余部分进行破碎和分选，并生产出再生材料。该工艺路线可以大大降低后续污染物的处理量，特别是水处理的要求，可以实现重金属的超低排放，从而实现废铅酸电池处理的绿色化。

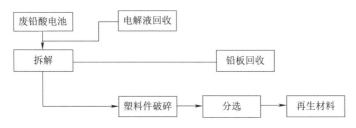

图4-10 基于拆解的废铅酸电池处理工艺

4.3.2　机器人拆解系统设计

机器人拆解系统的设计主要包括三个方面的工作：一是机器人本身的选择，即针对特定的拆解任务选择一种合适的机器人作为工作平台；二是设计安装在机器人末端的拆解执行工具；三是机器人拆解系统的感知与控制系统，这也是机器人拆解系统的关键所在，因为拆解领域中机器人的工作状况和工作要求与普通制造业中对机器人的要求是完全不同的。

如上所述，机器人拆解系统主要是解决拆解作业过程中危险性高和劳动强度大的任务，因此，在选择机器人平台时，必须根据任务本身的特点和要求从目前的主流机器人中选择。

图 4-11 是工业机器人的主要类型，包括直角坐标机器人、Scara 机器人和多关节机器人。对于拆解任务中行程较大的工作，可以采用直角坐标机器人来完成。这种类型的机器人目前已经可以进行模块化设计和制造，完全可以满足特定拆解任务的要求。对于拆解任务中的搬运类工作，特别是搬运过程中还要避免摩擦和碰撞的操作，可以采用载荷较大的多关节机器人。Scara 机器人一般用于精密操作和有速度要求的制造领域，如光伏制造领域和电子产品制造领域，在拆解领域中并不适合。

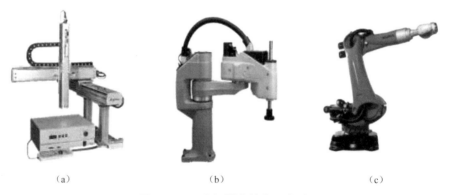

（a）　　　　　　　　　　　（b）　　　　　　　　　　　（c）

图 4-11　工业机器人的主要类型

（a）直角坐标机器人；（b）Scara 机器人；（c）多关节机器人

实际上，目前有大量的工业机器人由于丧失精度要求而从普通制造业中被淘汰，将这些工业机器人进行修复后完全可以应用到精度要求不高的拆解工作中，这也从另一个方面实现了机电产品的再利用。

在选定机器人类型和规格后，应当根据具体的拆解要求设计和制造专用的拆解执行工具。需要说明的是，用于完成拆解任务的末端执行器的质量也需要计算在机器人的工作载荷之内。因此，在进行机器人选型时，需要对拆解工具的方案进行初步设计，并估算出其总体质量。从工作任务的角度看，拆解工具可以分为分离工具、抓取工具、检测工具等。尤其是分离工具需要采用不同的动力源来工作，建议尽量采用气动或液压方式，以便减轻工具质量和提高驱动力矩。

由于机器人拆解系统中的作业任务要求与普通工业生产有很大的不同，其最大的特点就是任务的多变性与不确定性，因此，必须配合安装在机器人上的传感器和周边传感器对作业对象进行事先检测和实时检测，以确定作业过程中机器人的运动参数处于正常范围内。此外，在普通工业领域中常用的预先编程法并不适用于机器人拆解作业，这就需要根据拆解之前获得的传感器数据和已有的知识规则进行分析和判断，从而得出可行的操作模式，并计算出运动路径和执行器的控制参数。相关细节将在下一节中进行说明。

4.3.3 设计实例：蓄电池机器人拆解

废旧蓄电池机器人拆解系统方案如图 4-12 所示。由于蓄电池的规格较多，不能保证所有的蓄电池都处在机器人的工作空间之内，因此，可以将蓄电池安装在一个回转工作台上来配合机器人末端执行器的动作。在控制层面上，由于外部传感器很难集成到机器人的控制器上，因此可采用上位机控制方法。将所有的外部传感器，包括 Kinect 相机，通过数据采集卡和 USB 接口集成到上位计算机上进行计算和处理，并通过 ABB 机器人提供的 PC Interface 接口与机器人进行通信。

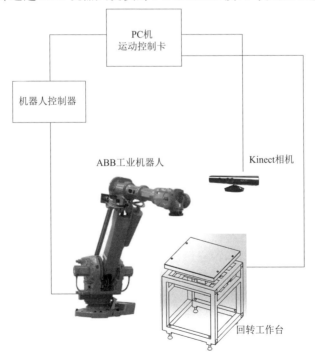

图 4-12 废蓄电池机器人拆解系统方案

在拆解工作开始前，通过深度图像传感器 Kinect 来获取蓄电池的彩色图像和深度图像，并识别和计算出蓄电池的几何特征数据；然后由上位计算机根据这些几何参数对蓄电池的分离路径进行实时计算和规划；最后通过安装在机器人末端的切割工具来实现具体的分离操作。

4.4　自动化拆解装备的感知与决策

4.4.1　感知方法

由于拆解装备在作业过程中面临很多不确定性因素，因此必须通过传感检测和机器视觉方法来感知待拆解产品的实时状态，以及操作过程中的参数变化。出于设备安全和可靠考虑的基础性传感器不在本书的讨论范围内。

对待拆解产品的材料属性进行判别也是十分重要的感知技术，上海交通大学在这方面进行了深入研究[127]。通过近红外光谱分析，可以对报废汽车上的高分子材料零件进行分类利用，这样就避免了笼统地将这些高分子材料零件归类为废塑料，从而降低其再利用价值。针对报废汽车挡风玻璃的边缘检测，有一种专用传感器，可以结合设备的运动控制来直接获取边缘坐标数据[128]。Cil 等人[129] 设计了一种具备多传感器感知能力的拆解用机器人末端执行器，提高了机器人拆解过程中的适应性和自我保护能力。

从目前的发展来看，机器视觉技术在拆解装备的感知手段上占有重要地位，无论是待拆解产品的类型识别、位置识别还是状态识别都可以采用机器视觉技术来完成，特别是结合专用的人工智能算法可以获得很好的效果。但是由于视觉技术只能获得对象的几何信息，存在着感知不完全的情况，因此，在设备的相关位置和工具端最好是配备专门的力传感器，这样就能让设备的决策层进行较为准确的判断。

4.4.2　平面图像的特征识别

基于二维平面图像的机器视觉技术在制造业中已经得到广泛应用，无论是对图像的总体轮廓识别还是局部特征识别都有成功案例，而且相关的硬件设备已经标准化和小型化，其应用成本也大幅度降低。因此，在拆解装备中可以用来识别待拆解产品的总体或局部特征。

基于平面图像的机器视觉技术已经发展数十年，无论是传统算法还是人工智能算法，在特定应用场景中都非常成熟。由于这种方法本身的局限性，所以必须针对场景的具体特点来选择光源、摄像头等硬件，同时配套设计相关的处理程序。图 4-13 是紧固件的机器视觉识别。

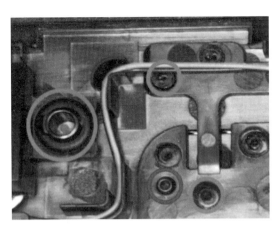

图 4-13　紧固件的机器视觉识别

以报废汽车挡风玻璃的图像处理为例，其过程如图 4-14 所示。在二值化之后，除了挡风玻璃所在的封闭区域，还有一些零零散散的不规则区域，每一个区域都是一个独立的像素区域，称为连通区域。在这些区域中挡风玻璃轮廓所在的连通区域是最大的一个。因此，通过对这些连通区域的轮廓边进行搜索和比较，可以找到其中最大的一个区域，然后对其边缘进行消噪处理，即可得到如图 4-14（d）所示的挡风玻璃的完整轮廓图像。

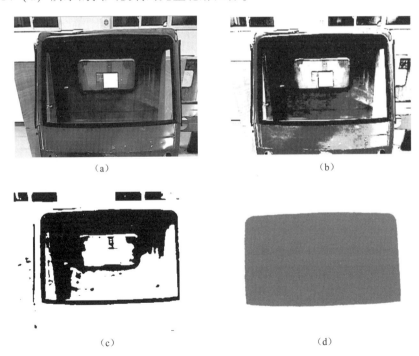

图 4-14　挡风玻璃的图像处理过程

（a）挡风玻璃原始图像；（b）图像锐化；（c）图像二值化；（d）求解最大连通区域

由于挡风玻璃上标定纸片的尺寸已知，因此由矫正后标定纸片和挡风玻璃的比例关系可以求出挡风玻璃外轮廓的尺寸参数。将挡风玻璃的矫正图像进行处理后，获得图像的二值图。然后，通过提取二值图外轮廓曲线，生成挡风玻璃边缘轮廓的矢量曲线（如图4-15所示）。

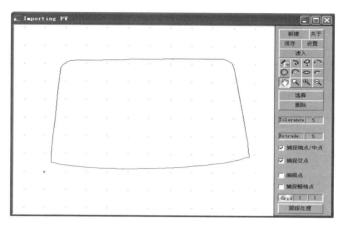

图4-15　挡风玻璃的轮廓识别

4.4.3　基于深度图像的特征识别

在待拆解的废旧产品中，需要识别的零部件位于不同的几何高度上，采用普通的平面图像很难对其空间位置进行定位，而采用深度图像能够更多地获取其空间位置。虽然深度图像在定位精度上相对于普通的平面图像存在一定误差，但是对于拆解设备而言已经可以满足抓取或夹紧的需要。目前多采用Kinect作为深度图像的采集工具。

Kinect1.0与Kinect2.0的深度信息获取的原理有所不同（如图4-16所示）。Kinect1.0利用光编码技术，并且通过红外发射器，对粗糙的物体发射多条红外光线，光线在物体表面产生激光散斑，该光斑具有随机性，并且每一个散射的光斑

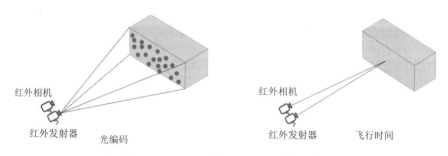

图4-16　Kinect1.0和Kinect2.0的工作原理

都具有唯一性, 因此红外摄像头根据散射的不同光斑图像来确定物体相对于 Kinect 深度相机在空间上的位置, 从而生成深度图像。Kinect2.0 利用的是 ToF (Time of Flight) 技术, 通过红外发射器对物体照射得到很多帧的反射图像, 然后根据每帧图像上像素点亮度的变化对于红外相机接收到的和发射出的红外线之间的时间差, 进而得到每个像素与相机之间的距离 (称为深度)[130]。

由于 Kinect 设备本身原因, 其获取的深度值会随着时间的推移发生偏移现象, 可以理解为某点的深度值正常情况是 h, 深度值常会从 A 位置偏移到 B 位置。为了减小偏移对实验的影响, 采用线性滤波算法和非线性滤波算法。

线性优化算法可归结为式 (4-1):

$$G(x, y) = \frac{1}{M} \sum F(x, y) \tag{4-1}$$

式中: $F(x, y)$ 为某点不同时刻的深度值; M 为总点数; $G(x, y)$ 为优化后该点深度值。

非线性优化算法可归纳为式 (4-2):

$$G(x, y) = F_{mid}(x, y) \tag{4-2}$$

式中: $F_{mid}(x, y)$ 为某点不同时刻深度值排序后的中间值; $G(x, y)$ 为优化后该点的深度值。

对深度图像进行线性优化的算法如下:

①计算 m 帧深度图像某点深度值之和 $F = \sum F_m$, 取该点值为 N/m。

②遍历所有点, 优化深度图像。

对深度图像进行非线性优化的算法如下:

①对 m 帧深度图像某点的深度值排序, 取序列中间点 F_{mid}。

②遍历所有点, 优化深度图像。

由于线性优化加入了所有偏移量, 相比非线性优化去掉较大偏移量, 非线性优化误差更小。由此可用非线性滤波算法对深度图像进行优化, 修复后偏差如表 4-2 所示。可以看出, 在 0.7~1 m, 深度值偏移在 6 mm 以内, 优化后偏移现象得到了很好的改善[130]。

表 4-2 Kinect 深度修复

实际距离/m	偏移距离/mm
0.7~1	<6
1~2	<10
2~3	10 左右

这里采用八领域深度差 (8N-DD) 算法对点云边缘进行提取。首先进行垂直投影处理。对于点云数据 $P_i = (x_i, y_i, z_i)$, $i \in [1, n]$, 沿着深度 Z 方向进行投

影（相当于垂直投影到 x，y 平面上），则投影点集如式（4-3）所示：

$$P_i'(x_i, y_i), \quad i \in [1, n] \tag{4-3}$$

然后进行栅格划分。对于投影到 x，y 平面的点集 $P_i'(x_i, y_i)$，$i \in [1, n]$，进行栅格划分。

①统计点集 P_i' 横纵坐标最小与最大的 4 个值 X_{min}，X_{max}，Y_{min}，Y_{max}。

②根据栅格的分割次数 N，将栅格分割为 $\dfrac{X_{max}-X_{min}}{N} \times \dfrac{Y_{max}-Y_{min}}{N}$ 份。

③从栅格左上角对栅格进行编号，第一行第一排栅格为 $G(0, 0)$，第一行第二排栅格为 $G(0, 1)$，以此类推，如图 4-17 所示。

栅格划分好后，遍历整个投影点，使其纳入相应栅格，栅格分割的疏密会直接影响纳入栅格内点的数目。当栅格内无点时，则将该栅格 $G(i, j)$ 的深度值设定为 $Z=0$；当栅格内存在点时，则对于栅格 $G(i, j)$ 中的点计算其 Z 值的平均值，即 $Z_{ave} = \sum\limits_{m=1}^{L} D_m / L$，如图 4-18 所示。

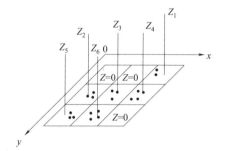

图 4-17　3×3 栅格划分　　　　图 4-18　目标栅格周围的八个邻域栅格

对于栅格间深度比较，假设任意栅格 $G(i, j)$ 都对应一个深度值 Z，比较 $G(i, j)$ 与其周围 8 个邻域栅格块的深度差（如图 4-19 所示），若存在深度差大于某个阈值 T，则说明该栅格里存在边界点。

对于栅格内边界点的筛选，假设存在边界点的栅格 $G(i, j)$ 里有 4 个点，其深度值为 Z_1，Z_2，Z_3，Z_4（如图 4-20 所示）。对 4 个深度值进行升序排列，由于为偶数个点，则 Z_{mid} 可以为点 2 或点 3 中的任意一个。

对于提取的点云边缘点，首先对点云边缘点进行分割，然后利用 RANSAC 算法进行识别。接着进行点云边界分割，可以看出图 4-21 中点云边界有六角形和方形两个连通域，将用 K-邻近算法进行分割。

取 P 点附近的 k 个邻近点，取欧式距离最近的邻近点，如果距离小于设定的阈值 T，则判定该点为目标点。顺时针继续寻找，经过一圈寻找又回到 P 点，则一圈的点组成一个连通域。遍历所有点云边界，分割出六角螺母点云边界和方形螺母点云边界。识别出零部件后，对于其所对应的点云连通域，确定其任意拐点 P，用 K-邻近算法找出其最远点 Q，则 P 点与 Q 点的中心 C 点是零部件所在位置，如图 4-22 所示。用同样的方法可以对其他形状的紧固件轮廓进行识别和处理[131-132]。

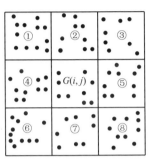

图 4-19 栅格 G (i, j) 周围 8 个邻域栅格

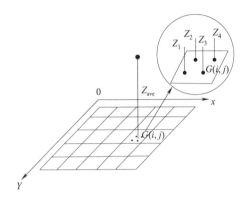

图 4-20 G 栅格与附近栅格的深度差

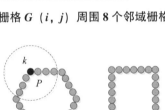

图 4-21 寻找连通域

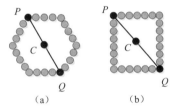

（a） （b）

图 4-22 工件定位

（a）六角形工件；（b）方形工件

4.4.4 混合式特征识别

Kinect 对于一个目标可以同时获取其彩色图像和深度图像，由于这两个图像是通过安装在其内部的彩色相机和深度传感器来获取的，其图像的大小和图像中心位置都不一样。Kinect 采集装置如图 4-23 所示。在所采集的图像中，图 4-24 是彩色图像，图 4-25 是同时获得的深度图像。

两个相机的分辨率不同，Kinect2.0 中深度图像的分辨率为 512×424，且可以取得 0.5~4.5 m 的数据范围。可以看出两个图像的大小是不一样的。现在需要根据深度

图 4-23 Kinect 采集装置

图像的大小从图 4-24 中分离出对应的区域，算法流程如图 4-26 所示，以便进行后续的处理，然后在深度图像中获得对应的深度信息。

图 4-24　Kinect 采集的彩色图像

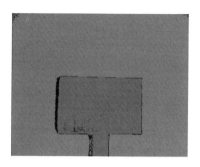

图 4-25　Kinect 采集的深度图像

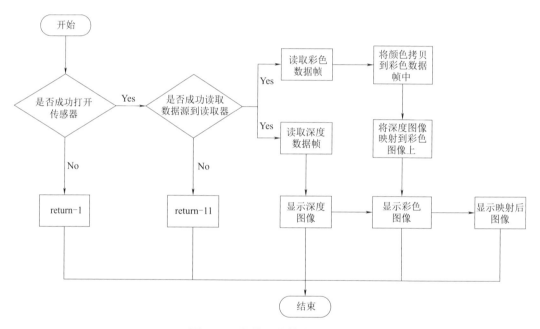

图 4-26　图像配准算法流程图

配准后的彩色图像可以按照目前已有的算法进行处理，从阈值处理到轮廓提取和矢量化，最后得到多组分段直线的坐标点。图像处理过程如图 4-27 所示。

由于 Kinect 的深度图像是来自红外散射光所形成的散斑图案，因此在较为光滑的表面或物体的角点处会出现数据的丢失（如图 4-28 所示），这样即使得到了角点的二维坐标数据，也无法从深度图像中获得其深度坐标数据。近年来虽然有人研究了深度图像的修复算法，但这些算法大多针对深度图像中的孔洞修复。本

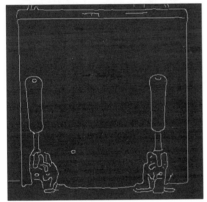
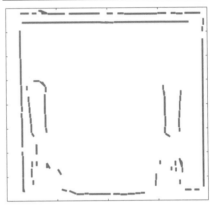

图 4-27 图像处理过程

书的重点是获取少量的特征点，为此，提出了基于三维最小二乘法来拟合空间直线，然后通过求取其延长线上的点的参数来获取深度坐标。

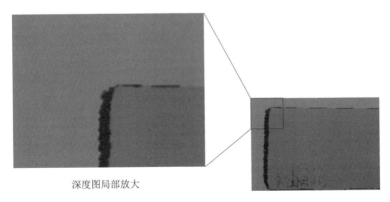

深度图局部放大

图 4-28 深度图像局部损失

基于空间直线拟合的角点深度坐标求解如图 4-29 所示。通过前述方法，利用霍夫变换可以在平面图像中获得角点 A 的像素坐标，但是其对应的深度坐标点 A'

存在缺失现象。根据未缺失点的深度坐标，利用最小二乘法构建空间直线 *MN*，然后将 *A* 点的平面坐标代入，即可求得相应的深度坐标，从而得到特征点 *A'* 的三维坐标数据。

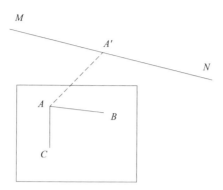

图 4-29　基于空间直线拟合的角点深度坐标求解

不同于常用的点云方法，本书用特征点和特征要素来描述待拆解产品的几何信息，几何要素的属性如图 4-30 所示。依据图 4-27 矢量化处理的结果，并获得三维深度数据之后，可以形成若干线和点的关系，其中的线和点又归属于不同的平面。首先将最外侧的线定义为边线，即没有其他要素的坐标值超过该图素。边线与边线的角点定义为顶点。顶点是最为重要的特征点。边线与中间线的交点定义为中间点。所有这些特征点和特征要素的数据结构如图 4-31 所示。

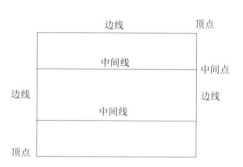

图 4-30　几何要素的属性

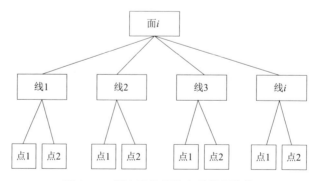

图 4-31　蓄电池特征信息的数据结构

4.4.5 决策方法

拆解装备在获得传感器或机器视觉的处理结果后，往往需要对待拆解产品的拆解方式或拆解顺序进行决策和判断，这就需要拆解装备具备一定的自我判断和决策能力。又由于拆解装备所处理的产品具有类型、规格、状态上的各种不确定性，这就决定了拆解装备无法像普通的制造业设备那样，用预先定义的逻辑和程序来判断操作过程的状态和参数的变换。为此，需要设计一种能够具有一定灵活性的决策方法。

在人工智能领域中，根据已有知识进行推理和决策的方法有多种方式，其中较为典型的是专家系统和决策树，这两种方法都可以根据规则方式进行推理和数据分类。在专家系统领域中形成了较为成熟的开发工具，如 Clips 和 Prolog，但是在具体的拆解作业中，这些工具也存在着一定的局限性。在 Clips 中，必须首先建立完备的规则库，才能利用其推理机进行推理和决策，且其规则库是用 Clisp 语言进行表述的，和第三方高级语言的通信能力较弱，其中较为重要的一点是，其规则库的扩充和重组能力较差。决策树方式虽然也能基于规则进行分类，但是要求规则属性具有统一性，这种特性决定了决策树方法只能在拆解决策的局部领域中得以应用。

本书提出一种分层决策系统结构，如图 4-32 所示。系统在获得待拆解产品的图像信息和材料属性信息后，首先进行决策层分析。其任务是确定当前的分离目标，以及所采取的拆解方式（有破坏拆解还是无破坏拆解），进而确定要采用的拆解工具。其中所采用的决策依据都采用可编辑规则的形式保存在相应的规则库中。在完成工艺决策后，就需要对具体的作业方式和参数进行推理和确认。这里也采用规则库和参数表的方式来实现。对于要进行分离的模式和路径，事先已经设计好并保存为路径模板，在实时任务中只需要根据检测获得的参数并依靠模板来生成新的分离路径即可。

在推理和决策的过程中，不会必追求完全自主和自动化。当推理机发现相互冲突或存在二义性的规则知识后，会进行提示并要求人工编辑处理。该过程也实现了知识库的扩充和完善。由于推理过程的层级较少，只有两层或三层，且推理过程主要是规则的查询和参数计算，因而推理计算的效率较高。

为了对拆解过程进行计算机辅助管理和决策，本书通过基于产生式规则的工艺推理模块来给出车型的基本拆解策略（如图 4-33 所示）。产生式规则的前件由规则对象、属性和逻辑关系组成，规则后件主要由拆解方式或进一步处理的规则类型构成。规则对象主要是指报废汽车在拆解过程中需要进行分类处理的零部件，如车门、发动机、车灯等，而不需要进行分类处理的零部件则不作为规则前件中的对象。

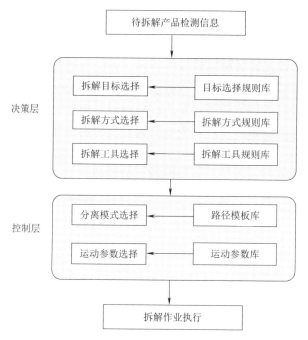

图 4-32 分层决策系统结构

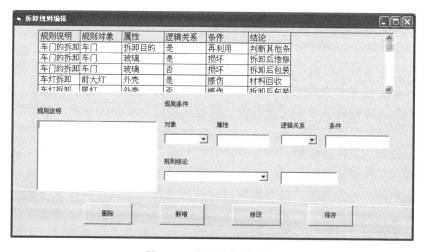

图 4-33 拆解规划编辑器

4.5 轨迹规划与运动控制

4.5.1 拆解过程的轨迹规划原理

拆解过程的轨迹规划和普通制造过程的轨迹规划有很大不同。普通制造领域中涉及轨迹控制的一般都是按照图4-34所示的过程。首先依据产品的几何模型进行离线编程和仿真验证，然后根据编程结果生成控制代码（G代码或机器人程序），最后将这种控制代码输入设备的控制系统，由设备的控制器来读取代码，并驱动设备完成预定的动作和路径。

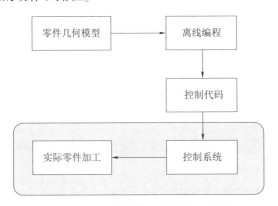

图4-34 产品制造过程的轨迹规划

在拆解领域中，需要轨迹规划的作业一般是在分离过程中的切割或移出操作任务。由于被拆解产品的类型和规格不同，它所要求的轨迹和参数也存在着很大差异。即便是完全相同的产品，由于其退役工况的不同，所需要执行的切割路径也可能是不同的，这就要求设备具有自行确定路径规划的能力。拆解过程的轨迹规划如图4-35所示。一般而言，拆解企业无法获取待拆解产品的三维几何模型，只能根据一般性的设计知识和实时获取的图像信息来确定所要执行的拆解作业参数，包括切割路径和位置、速度等。拆解作业中的轨迹规划精度要求其实远低于普通制造业，普通制造业的精度要求一般在0.02 mm甚至更高，而拆解作业中的精度要求可以放宽到0.5 mm或者1 mm。这种放宽的精度要求也为拆解作业中轨迹规划的计算和控制带来了很多便利。

由于待拆解产品的复杂性和多变性，需要借助于机器视觉等检测手段来获取它的相关信息，然后判断出执行该拆解操作的方式和工具，最后根据图像信息逐步计算出工具的运动轨迹数据。基于机器视觉的检测方法和后续的决策判断已经在上节中进行说明，这里重点说明轨迹的计算方法和运动控制的实现。

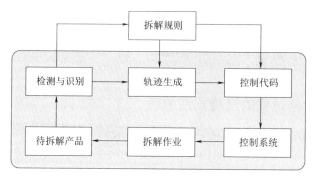

图 4-35　拆解过程的轨迹规划

通过机器视觉和相关的图像处理算法可以获得由一系列像素点所构成的路径数据。当然不能直接用这些像素点作为运动控制的数据，一方面是这些点中引入了过多的噪声信息，另一方面是点的数量过多，不利于运动参数的计算。必须通过滤波和图像平滑的方法减少噪声信息，然后根据曲率的变化，将像素点中的关键特征点提取出来作为矢量化数据的关键信息。

4.5.2　拆解装备的运动控制

针对报废汽车挡风玻璃切割机器人，设计一种简单可靠的控制系统，以实现挡风玻璃的切割过程。整个控制系统包括三大部分：上位机控制系统、下位机控制系统以及报废汽车挡风玻璃切割机器人机构，如图 4-36 所示。

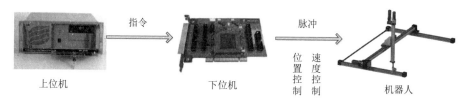

图 4-36　报废汽车挡风玻璃切割机器人系统示意图

报废汽车挡风玻璃切割机器人控制系统的整体控制方案采用 IMC2X00+PC 机的方式。其中 IMC2X00 系列运动控制卡是基于第 Ⅱ 代 iMC（Intelligent Motion Controller）运动控制芯片设计的系列运动控制卡。IMC2X00 中的"X"代表控制卡支持的轴数，如 IMC2400 为 4 轴控制卡，IMC2600 为 6 轴控制卡。挡风玻璃切割机器人具有 7 个电机及相应驱动器，其中 2 个电机安装在电推缸内，通过电推缸的伸缩来调整机器人的工作角度，机器人工作时电推缸处于静止状态，故采用 IMC2400 运动控制卡；另外 5 个电动机为机器人的 X 轴、Y 轴、Z 轴、R 轴和 T 轴提供动力，采 IMC2600 运动控制卡。报废汽车挡风玻璃切割机器人的控制系统结构如图 4-37 所示。

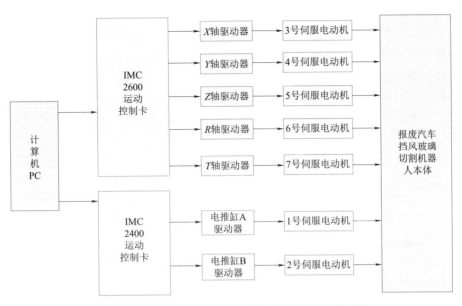

图4-37 报废汽车挡风玻璃切割机器人控制系统结构

4.5.3 双圆弧拟合与优化

由于图像噪声的影响，由矢量化计算得到的轮廓特征点会存在一定的误差，因此如果用小直线段直接拟合这些特征点，就会造成很大的轨迹误差。其次，全部用直线段表示的曲线轨迹对于设备的平稳运行也是不利的。因此需要通过理论方法来消除这些误差数据。最小二乘法是一种优化拟合算法，该方法并不要求拟合曲线通过所有的特征点，大偏差特征点的作用会通过残差计算而被抑制，因此可以从总体上提高拟合曲线的精度。

最小二乘法拟合的基本原理是构造一条曲线，使原数据点与拟合点的误差的平方和为最小，那么这条曲线就是最小二乘法拟合曲线，该曲线的函数表达式为最小二乘法拟合函数。在MATLAB中，polyfit函数可以有效地处理最小二乘法曲线拟合问题。如图4-38所示，polyfit函数的基本原理是构造一个多项式函数 $f(x) = a_1x^n + a_2x^{n-1} +,\dots, +a_nx+b$，使其满足最小二乘法原理，并返回多项式的系数矩阵。

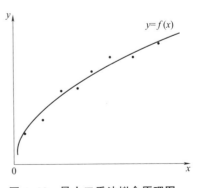

图4-38 最小二乘法拟合原理图

（1）基于双圆弧的轮廓轨迹表征

由于通过最小二乘法得到的拟合曲线的方程是一个多项式方程，该方程无法直接对挡风玻璃自动切割机的运动控制系统进行控制，必须将其转换成运动控制系统能够接收的指令信号。虽然目前很多运动控制系统可以采用基于样条函数的位插补控制，但是该方法计算量大，对系统的软硬件要求较高，而一般的经济性运动控制系统只支持直线插补和圆弧插补指令，因此需要在指令数和指令精度之间进行综合优化。

双圆弧拟合方法的基本原理是在每两个相邻的节点之间插入两段彼此相切的圆弧，同时过每一个节点的左右两段圆弧也依次相切，从而形成整体的连续光滑的曲线。为了确定唯一的双圆弧拟合曲线，需要确定节点位置及公切点位置。目前，大多数研究集中在公切点的选取上，主要有以下 3 种方式：①内心法，即公切点的位置选在由相邻节点及节点矢量所构成的三角形的内心；②平行弦法，即取两节点连线的斜率作为公切点的斜率；③优化双圆弧拟合方法，即通过改变公切点的斜率来控制误差大小，使每段双圆弧均在给定的误差范围内。

（2）优化双圆弧拟合模型

采用优化双圆弧拟合方法，通过合理选择公切点的斜率，就可以将拟合误差控制在给定范围内，从而提高轮廓提取时的精度。如图 4-39 所示，为了对双圆弧拟合模型进行研究，设曲线上相邻的两节点为 P_i、P_{i+1}，它们的切矢方向分别为 PP_i、PP_{i+1}，这两条切线交于 P，它们的斜率分别为 T_i 和 T_{i+1}，N 为双圆弧拟合的公切点，过 N 作双圆弧的切线交 PP_i 和 PP_{i+1} 于点 P_3、P_4，设 $a = PP_i$，$b = PP_{i+1}$，$c = P_iP_{i+1}$，过点 P_i 作 P_3P_4 的平行线交 PP_{i+1} 于点 P_5，

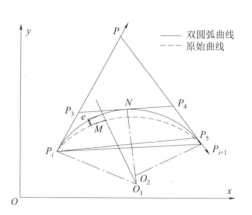

图 4-39　双圆弧拟合基本原理图

此时，若公切点 N 的斜率 T_N 已知，则 P_iP_5 和 $P_{i+1}P_5$ 的长度均可求出。

由圆的切线长定理可得：$P_iP_3 = P_3N$，$P_{i+1}P_4 = P_4N$，因此，要想求公切点 N 的坐标，首先要求点 P_3 的坐标。设 $m = P_iP_3$，$d = P_iP_5$，$e = P_{i+1}P_5$，得式（4-4）[133]：

$$m = \frac{(d-e) \times a}{a+b+d-e} \tag{4-4}$$

当 P_3 的坐标确定后，即可由等式 $P_iP_3 = P_3N$ 和 T_N 的值进一步确定公切点 N 的坐标。下面对式（4-4）作进一步讨论：

①当 $d>e$ 时，$m>0$，此时公切点 N 唯一确定；若此时 $T_i<T_N<T_p$，则 m 可由式（4-4）确定；当 $T_p<T_N<T_{i+1}$ 时，此时，点 P_5 落在线段 PP_{i+1} 的延长线上，根据

ΔPP_3P_4 和 ΔPP_iP_{i+1} 相似，可得出式 (4-5)：

$$m = \frac{(d+e) \times a}{a+b+d+e} \tag{4-5}$$

②当 $d<e$ 时，则 $m<0$，此时应以点 P_{i+1} 为基点，过 P_{i+1} 作 P_3P_4 的平行线，同理亦可求出公切点 N 的坐标。

(3) 公切点斜率 T_N 的选取方法

采用优化双圆弧拟合模型，最重要的就是公切点斜率 T_N 的选取方法。选择恰当的 T_N 值，可以有效地减小误差。在以往的研究中，多是采用随机取值的方法，如满足误差则 T_N 值符合要求，不满足则重新取值。

本书在 T_N 的取值方法上作了一定改进。由于目标曲线的曲率变化较小，因此，可采用均分法求 T_N 值，即将 T_i 到 T_{i+1} 均分为 4~5 段，计算出在每个 T_N 取值下的最大拟合误差，比较过后选取其中的最小值及其对应的斜率 T_N。采用这种方法得到的误差相对较小，但该方法仅适用于曲率变化不大的曲线，而对于曲率变化大的曲线，分段数会变多，会大大增加计算量，延长求解时间。

(4) 双圆弧拟合的误差分析

双圆弧拟合曲线的误差通常是用法向误差来表示的，如图 4-39 所示，当数据点在以 O_1 为圆心的圆弧一侧时，其误差如式 (4-6) 所示：

$$e_1 = \left| r_1 - \sqrt{(x-x_{o1})^2 + (y-y_{o1})^2} \right| \tag{4-6}$$

相反，若数据点在以 O_2 为圆心的圆弧一侧时，误差如式 (4-7) 所示：

$$e_2 = \left| r_2 - \sqrt{(x-x_{o2})^2 + (y-y_{o2})^2} \right| \tag{4-7}$$

为了求出最大误差值，可对式 (4-6) 中根号内部分进行求导[134]，如式 (4-8) 所示：

$$2(x-x_{o1}) + 2(y-y_{o1}) \times y' = 0 \tag{4-8}$$

整理得到式 (4-9)：

$$\frac{y-y_{o1}}{x-x_{o1}} \times y' = -1 \tag{4-9}$$

式中：x、y 为数据点的坐标；x_{o1}、y_{o1} 为圆心 O_1 的坐标；y' 为 y 的导数。由式 (4-6) 可以看出，当原始曲线上的点的法向量穿过所在圆弧的圆心位置时，该处产生的误差为最大值，只要该点满足误差要求，则该段双圆弧曲线均能达到规定的误差要求。

为验证优化双圆弧拟合及 T_N 取值方法在轮廓提取时的正确性，使用 MATLAB 软件编写程序，绘制经过最小二乘拟合和双圆弧拟合后整块挡风玻璃的轮廓曲线，再经过边缘锐化、最大轮廓提取、二值化等图像处理后，获得其部分轮廓点的坐标，如图 4-40 和图 4-41 所示。

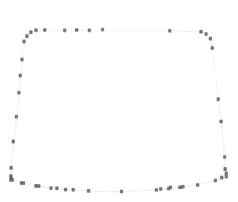

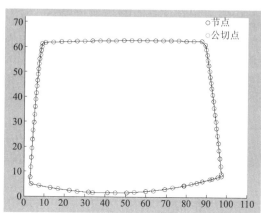

图 4-40　通过视觉技术提取的轮廓特征点　　　　图 4-41　双圆弧拟合后的挡风玻璃边缘轮廓

　　获得轮廓数据点的坐标后，使用 MATLAB 进行编程，求出双圆弧拟合的节点坐标、公切点 N 的坐标及圆心 O_1、O_2 的坐标，并使用 plot 函数绘制经过双圆弧拟合后的挡风玻璃轮廓曲线，程序运行结果如图 4-42 所示[135-136]。

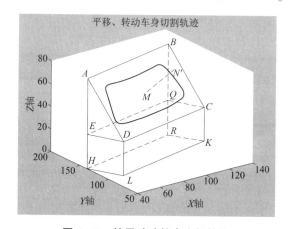

图 4-42　挡风玻璃轮廓坐标转换

　　然后按照挡风玻璃上的定位标签信息，用齐次坐标变换的方法将双圆弧拟合后的坐标信息变换到车身坐标系中，就可以生成用于轨迹控制的坐标数据[136]。挡风玻璃切割路径数据格式的如表 4-3 所示，在每个数据段上包含了三个坐标点数据和两个角度数据。其中坐标数据和角度数据用来确定等离子切割头的空间位置和姿态。控制字用来描述等离子电源的工作状态，S 表示点火，E 表示关火，H 表示初始工作点。而切割过程中等离子头的运动速度由控制程序进行统一设置和控制。

表4-3 挡风玻璃切割路径数据格式

行号	X坐标	Y坐标	Z坐标	V轴角度	W轴角度	控制字
5	418.5	100	56	15.8	38.7	S

4.5.4 机器人系统的路径规划

在普通制造业中，由于被加工零件的批量较大，且零部件的参数和几何信息是已知的，因此可以用离线编程或人工示教的方式对机器人的工作路径进行定义，然后逐步调试以满足实际生产要求。在拆解过程中，由于待拆解产品在规格和型号上十分庞杂，更为重要的是无法获取产品的几何信息，因此要求系统能根据待拆解产品的状态实时生成工作路径。

在拆解过程中，需要根据待拆解产品的具体参数来实时生成分离或切割运动的轨迹数据。机器人实时轨迹生成的计算过程如图4-43所示。首先总结出若干运动方式，并编辑为轨迹模板。然后根据动作过程定义决策规则库，也保存在库文件中。最后根据彩色相机和深度相机的图像信息进行计算和处理，用得到的特征数据结合模板库中匹配出的轨迹模板，生成当前的实时运动轨迹，并输出到机器人控制器中完成具体的拆解任务。

以蓄电池的分离为例，蓄电池在抽取完电解液后，需要对顶盖进行分离，才能进一步拆解和分离内部的铅板和相关附件（如图4-44所示）。为了实现这一步工作的自动操作，需要根据前面得到的蓄电池几何特征数据来规划其分离路径。考虑到蓄电池存在多种不同的规格，不能保证每一种蓄电池都在机器人的有效工作范围之内。因此，通过回转工作台的旋转来配合机器人的切割分离操作。单边切割的基本过程如图4-45所示，切割工具首先到达一个工作起始点，然后进行切割，完成后保证工具完全离开蓄电池范围，在工作终止点处停止。图4-46为配合回转台架实现蓄电池上盖四边切割的机器人操作路径示意图。每切割一条边机器人都会在最远停滞点处等待回转台完成90°旋转，再进行下一条边的切割。旋转台旋转4次，机器人按照切割路径运行两圈，就可以完成整个上盖的切割任务。

分离路径计算与机器人控制数据之间的传输关系如图4-47所示。系统首先读取由Kinect所获取的蓄电池三维特征数据，包括线表数据和点表数据。然后根据前面所识别出来的切割面的高度信息，计算必要的工作参数。这些参数包括工作行程和工作台的回转时间点。再结合机器人末端执行器的最远终止点等坐标信息，统一整合为机器人的切割路径数据，并将这些路径数据保存为自定义的图形文件。最后通过Rapid程序生成模块，生成符合Rapid语法规范的Rapid程序，由主控程序调用该程序并通过PC Interface接口传输到机器人执行器进行切割动作的操作。

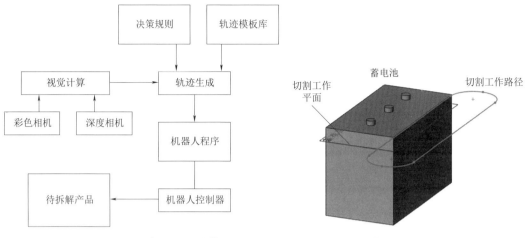

图 4-43　机器人实时轨迹生成计算过程　　　　图 4-44　蓄电池顶盖分离基本过程

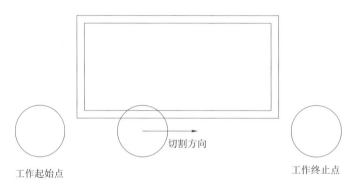

图 4-45　单边切割的基本过程

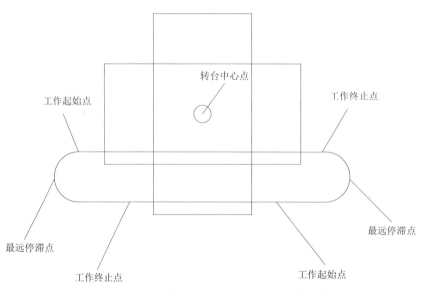

图 4-46　配合回转台架实现蓄电池上盖四边切割的机器人操作路径示意图

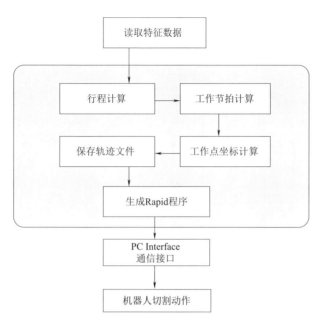

图 4-47 分离路径计算与机器人控制数据之间的传输关系

为了使自动分离控制程序具有足够的灵活性和适应性，系统定义了自己的路径文件格式，对每一个数据点和轨迹段的属性进行了定义，然后根据节拍的计算结果将数据保存为路径文件格式。也可以将已有的路径文件格式打开，重新进行修改。数据点的格式定义如表 4-4 所示。

表 4-4 数据点的格式定义

P1	226.12	460.2	500.00
点序号	X 坐标	Y 坐标	Z 坐标

轨迹段的格式定义如表 4-5 所示。

表 4-5 轨迹段的格式定义

2	L1	P1	P1	S
序号	几何属性	点坐标	点坐标	速度属性

轨迹段的数据包括 5 个数据字段，每个字段之间用空格分开。第一个数据字段是序号，第二个字段是几何属性，直线定义为 L，圆弧定义为 A。第三和第四两个字段是数据点格式所定义的坐标数据。后面还附属了一个速度属性字段，用字母常量来表示，起始段的速度定义为 R，工作段的速度属性定义为 C，终止段的速度定义为 Q。速度参数由程序的用户界面直接定义，然后将数值赋值到这些字段中。

路径编辑程序界面如图 4-48 所示。

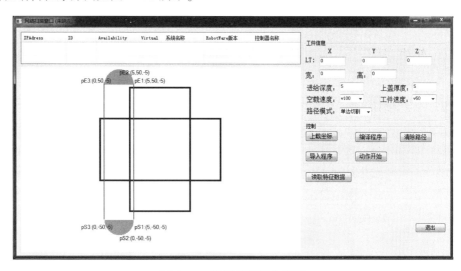

图 4-48　路径编辑程序界面

　　上述这些自定义的轨迹数据并不能用来直接控制 ABB 机器人的操作，还必须将其转换为 ABB 机器人基于 PC Interface 接口能够接收的 Rapid 程序段。该过程是借助于 ABB 公司提供的 PC SDK（Personal Computer Software Development Kit）程序开发包来实现的。PC SDK 程序开发包的基本结构如图 4-49 所示。通过该开发包所提供的 CAPI（Controller Application Programming Interface，控制应用程序接口），采用 C#编程语言，可以开发出用来控制多台 ABB 工业机器人的上位机程序，但是具体的操作方式应当符合 Rapid 程序的语法规则。

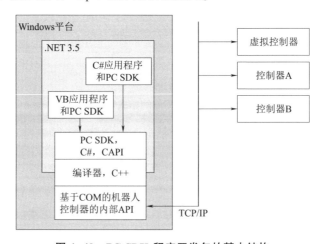

图 4-49　PC SDK 程序开发包的基本结构

根据 Rapid 程序的语法规则，一个 Rapid 程序分为 6 个区段，其基本结构如图 4-50 所示。

```
MODULE MainModule
    CONST jointtarget jposHome:=[[-1.95877E-06, 20.6501, -21.6679, -0.000640516, 91.0189, -0.00109945], [9E+09, 9E+09, 9E+09, 9E+09, 9E+09, 9E+09]];
    VAR robtarget pS:=[[605, -50, 845], [3.54876E-05, -1.1822E-05, -1, 3.01987E-06], [-1, -1, -1, 0], [9E+09, 9E+09, 9E+09, 9E+09, 9E+09, 9E+09]];
    VAR robtarget pA:=[[605, 195, 845], [5.74883E-05, -1.49157E-05, -1, 1.63593E-05], [0, 0, 0, 0], [9E+09, 9E+09, 9E+09, 9E+09, 9E+09, 9E+09]];
    VAR robtarget pD:=[[795, 195, 845], [5.74883E-05, -1.49157E-05, -1, 1.63593E-05], [0, 0, 0, 0], [9E+09, 9E+09, 9E+09, 9E+09, 9E+09, 9E+09]];
    VAR robtarget pC:=[[795, 5, 845], [5.74883E-05, -1.49157E-05, -1, 1.63593E-05], [0, 0, 0, 0], [9E+09, 9E+09, 9E+09, 9E+09, 9E+09, 9E+09]];
    VAR robtarget pE:=[[550, 5, 845], [5.74883E-05, -1.49157E-05, -1, 1.63593E-05], [0, 0, 0, 0], [9E+09, 9E+09, 9E+09, 9E+09, 9E+09, 9E+09]];

    VAR robtarget pS1:=[[605, -250, 845], [5.74883E-05, -1.49157E-05, -1, 1.63593E-05], [0, 0, 0, 0], [9E+09, 9E+09, 9E+09, 9E+09, 9E+09, 9E+09]];
    VAR robtarget pE1:=[[605, 350, 845], [5.74883E-05, -1.49157E-05, -1, 1.63593E-05], [0, 0, 0, 0], [9E+09, 9E+09, 9E+09, 9E+09, 9E+09, 9E+09]];
    VAR robtarget pE2:=[[505, 450, 845], [5.74883E-05, -1.49157E-05, -1, 1.63593E-05], [0, 0, 0, 0], [9E+09, 9E+09, 9E+09, 9E+09, 9E+09, 9E+09]];
    VAR robtarget pE3:=[[400, 350, 845], [5.74883E-05, -1.49157E-05, -1, 1.63593E-05], [0, 0, 0, 0], [9E+09, 9E+09, 9E+09, 9E+09, 9E+09, 9E+09]];
    VAR robtarget pS3:=[[400, -250, 845], [5.74883E-05, -1.49157E-05, -1, 1.63593E-05], [0, 0, 0, 0], [9E+09, 9E+09, 9E+09, 9E+09, 9E+09, 9E+09]];
    VAR robtarget pS2:=[[500, -350, 845], [5.74883E-05, -1.49157E-05, -1, 1.63593E-05], [0, 0, 0, 0], [9E+09, 9E+09, 9E+09, 9E+09, 9E+09, 9E+09]];          1

    VAR num i := 0;
    VAR num j := 0;          2
    VAR speeddata drawingSpeed;
    PROC main()
        MoveAbsJ jposHome\NoEOffs, shiftinghome(i), fine, tool0;
        PathMode2;          3
        MoveAbsJ jposHome\NoEOffs, shiftinghome(i), fine, tool0;
    ENDPROC

    PROC PathMode0()
        MoveJ Offs(pS, 0, 0, 100), shiftinghome(i), z50, tool0;
        MoveL pS, shiftingtool(j), fine, tool0;
        MoveL pA, shiftingtool(j), fine, tool0;
        MoveL pD, shiftingtool(j), fine, tool0;
        MoveL pC, shiftingtool(j), fine, tool0;
        MoveL pE, shiftingtool(j), fine, tool0;
        MoveJ Offs(pE, 0, 0, 100), shiftingtool(j), z50, tool0;
    ENDPROC                                                         4
    PROC PathMode1()
        MoveJ Offs(pS1, 0, 0, 100), shiftinghome(i), z50, tool0;
        MoveL pS1, shiftingtool(j), fine, tool0;
        MoveL pE1, shiftingtool(j), fine, tool0;
        MoveC pE2, pE3, shiftingtool(j), z50, tool0;
        MoveL pS3, shiftingtool(j), fine, tool0;
        MoveC pS2, pS1, shiftingtool(j), z50, tool0;
        MoveJ Offs(pS1, 0, 0, 100), shiftingtool(j), z50, tool0;
    ENDPROC
    FUNC speeddata shiftinghome(num base)
        IF base = 0 THEN RETURN v100;
        ELSEIF base = 1 THEN RETURN v200;
        ELSEIF base = 2 THEN RETURN v300;
        ELSEIF base = 3 THEN RETURN v400;
        ELSEIF base = 4 THEN RETURN v500;
        ELSEIF base = 5 THEN RETURN v600;
        ELSEIF base = 6 THEN RETURN v800;
        ELSE RETURN v1000;
        ENDIF                                       5
    ENDFUNC
    FUNC speeddata shiftingtool(num base)
        IF base = 0 THEN RETURN v50;
        ELSEIF base = 1 THEN RETURN v100;
        ELSEIF base = 2 THEN RETURN v150;
        ELSEIF base = 3 THEN RETURN v200;
        ELSEIF base = 4 THEN RETURN v300;
        ELSE RETURN v400;
        ENDIF
    ENDFUNC

    PROC PathMode2()
        VAR robtarget p1 :=[[600, -500, 900], [5.74883E-05, -1.49157E-05, -1, 1.63593E-05], [0, 0, 0, 0], [9E+09, 9E+09, 9E+09, 9E+09, 9E+09, 9E+09]];
        VAR robtarget p2 :=[[400, 0, 900], [5.74883E-05, -1.49157E-05, -1, 1.63593E-05], [0, 0, 0, 0], [9E+09, 9E+09, 9E+09, 9E+09, 9E+09, 9E+09]];
        VAR robtarget p3 :=[[600, 500, 900], [5.74883E-05, -1.49157E-05, -1, 1.63593E-05], [0, 0, 0, 0], [9E+09, 9E+09, 9E+09, 9E+09, 9E+09, 9E+09]];
        VAR robtarget P4 :=[[800, 500, 900], [5.74883E-05, -1.49157E-05, -1, 1.63593E-05], [0, 0, 0, 0], [9E+09, 9E+09, 9E+09, 9E+09, 9E+09, 9E+09]];
        VAR robtarget P5 :=[[1000, 0, 900], [5.74883E-05, -1.49157E-05, -1, 1.63593E-05], [0, 0, 0, 0], [9E+09, 9E+09, 9E+09, 9E+09, 9E+09, 9E+09]];
        VAR robtarget P6 :=[[800, -500, 900], [5.74883E-05, -1.49157E-05, -1, 1.63593E-05], [0, 0, 0, 0], [9E+09, 9E+09, 9E+09, 9E+09, 9E+09, 9E+09]];
        MoveJ Offs(p1, 0, 0, 100), shiftinghome(i), z50, tool0;
        MoveL p1, shiftingtool(j), fine, tool0;
        MoveL p2, shiftingtool(j), fine, tool0;
        MoveL p3, shiftingtool(j), fine, tool0;
        MoveL P4, shiftingtool(j), fine, tool0;          6
        MoveL P5, shiftingtool(j), fine, tool0;
        MoveL P6, shiftingtool(j), fine, tool0;
        MoveJ Offs(P6, 0, 0, 100), shiftinghome(i), z50, tool0;
    ENDPROC
ENDMODULE
```

图 4-50 Rapid 程序基本结构

（1）区段 1：坐标点常量区域

坐标点常量区域定义单边切割与环形切割路径关键点坐标，具体语法如下：

VAR robtarget pS1：= ［［x，-y，z］，［p1，p2，-p3，p4］，［0，0，0，0］，［9E+09，9E+09，9E+09，9E+09，9E+09，9E+09］］；

其中：

VAR：数据存储类型，此处定义为变量；

robtarget：机器人坐标点数据；

pS1：坐标点名称；

［x，-y，z］：坐标点空间位置；

［p1，p2，-p3，p4］：坐标点姿态位置信息。

（2）区段2：行走速度控制

鉴于对机器人空载速度与切割速度的单独控制，设置速度控制子函数，分别对响应速度进行控制。

通过指定num base的数值实现对相应速度设置，具体调用方法如下：

shiftinghome（i）：通过对i设置1，2，3，4，5，6分别设置对应的v100，v200，v300，v400，v500，v600，v800，v1 000速度大小；

shiftingtool（j）：通过对j设置1，2，3，4，5分别设置对应的v50，v150，v200，v300，v400速度大小。

（3）区段3：主程序

具体语句说明：

MoveAbsJ jposHome \ NoEOffs, shiftinghome（i），fine，tool0：

MoveAbsJ：绝对位置行走指令；

jposHome \ NoEOffs：坐标点；

shiftinghome（i）：速度；

fine：转弯半径（一段路径结束使用fine）；

too10：工具坐标位置：

PathMode2：行走路径模式：

MoveAbsJ jposHome \ NoEOffs, shiftinghome（i），fine，tool0：回到起始位置。

（4）行走路径子程序

MoveJ Offs（pS，0，0，100），shiftinghome（i），z50，tool0：

MoveJ：关节运动；

Offs（pS，0，0，100）：pS坐标点z轴上方100 mm处坐标点；

shiftinghome（i）：设置空载速度；

z50：转弯半径；

tool0：工具坐标。

MoveL pS, shiftingtool（j），fine，tool0：

MoveL：直线运动；

pS：坐标点；

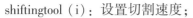

shiftingtool（i）：设置切割速度；

tool0：工具坐标。

Rapid 程序变更模块：由于电池切割路径 Rapid 程序语句固定，只需要更改坐标点即可更改运动路径。因此使用替换语句将从路径生成模块坐标点或路径坐标点保存文件上载的坐标点替换即可。

坐标替换指令：

EditFile（n，" VAR robtarget pS1：= ［ ［" +pS1_ X+"," +pS1_ Y+"," +pS1_ Z+" ］，关节坐标点］;"，rootPath+" /Module1. MOD" ）。

说明：对位于 rootPath 路径的 Module1. MOD 机器人执行程序，该指令指定行数 n，对第 n 行替换 pS1_ X、pS1_ Y、pS1_ Z，从而实现运动轨迹的实时调整。

通信接口模块：ABB 官方提供的 PC SDK 套件已包含通信接口程序模块，通过使用此程序模块，上位机便可与机器人控制器连接。此程序模块由控制器函数（CreatController）、事件发现函数（HandleFoundEvent）、事件丢失函数（HandleLostEvent）与可用设备搜索、添加、移除程序组成。通过以上通信接口模块函数即可使 PC 与控制器连接。

通过上述通信接口模块将机器人执行的 Rapid 程序上传到 Robotstudio 建立的仿真系统中，可以实现机械手运动路径的仿真，如图 4-51 所示[137]。

经过仿真运动的路径验证后，再将程序上传到实际机器人控制器中，就可以控制机器人实现对蓄电池上盖的自动切割，实验装置如图 4-52 所示。

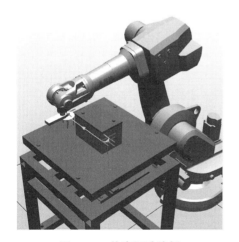

图 4-51 仿真运动路径

图 4-52 蓄电池上盖自动拆解切割实验装置

4.6 本章小结

对于自动化拆解装备，完全按照传统自动化设备的设计理念是无法满足实际废旧机电产品回收要求的，必须在局部技术上上升到智能化装备的层面，如零件特征的感知与识别、拆解状态的识别、拆解动作和路径规划的决策等。其目的都是应对废旧机电产品拆解过程中所面临的不确定性。当然，对于具体零件和材料的分离方法，还需要专门的技术和工具。特别是当分离条件也存在不确定性时，还需要考虑自动化和智能化的拆解工具。

第 5 章
高效拆解工具设计

目前在拆解行业中大多采用传统的维修工具进行操作。但实际上，为了提高效率和适应不同连接类型，必须设计和开发拆解工具，这不仅包括手持式工具，还包括安装在机器人和自动化设备上的专用工具，从而实现对特定目标和任务的高效拆解。

5.1 拆解工具概述

在传统的拆卸作业中，手动工具是使用最广泛的工具类型，其中又大量使用维修工具进行拆卸作业。用维修工具进行拆卸作业存在着效率低、工具成本高的问题，特别是对于很多局部破坏方式的拆解，维修工具往往是无能为力的。此时，一些专门设计的手工工具就非常有效，如图 5-1 所设计的报废汽车车门内饰件拆解工具[138]，虽然结构简单，但是通过局部切割和撬动，可以很快将内饰件从车门金属件上分离下来，从而避免了逐一拆解螺钉的工作。这样一来，拆解效率就大大提高了。

手动工具也并不都是手动驱动，也可以使用气力、液力和电动机式驱动装置，从而提高作业效率。除了手动拆解工具，在专用的拆解设备、用于拆解的工业机器人上，都需要设计专用的拆解工具。这些拆解工具包括紧固件的分离工具、产品外壳的剪切分离工具等。国内外的研究机构和行业企业在这方面做了很多创新设计。

上述专用拆解工具必须具有较高的通用性，这样才能

图 5-1 内饰件拆解工具

避免使用维修工具所造成的工具泛滥问题。图 5-2 是 Seligen 等人设计的一种采用冲击结合法来拆解螺钉的专用工具[139]，首先将带有尖头的工具冲切入螺钉头部，然后向螺钉施加扭矩，从而拆解螺钉。采用这种方式不需要频繁更换工具，从而保证拆解作业的高度连续性。

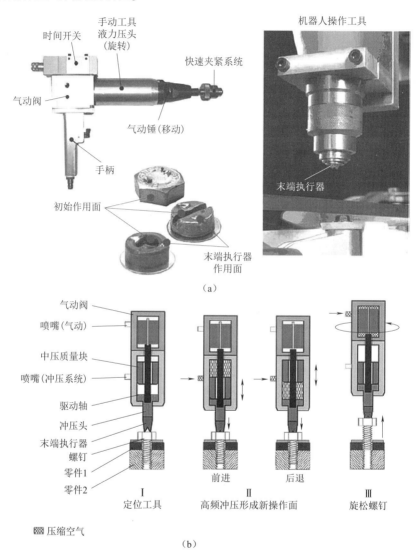

图 5-2　螺钉拆解工具

对于卡扣类连接，Peetens 等人[140] 设计了一种采用气动驱动的拆解工具，如图 5-3 所示。它采用气缸驱动其头部的指状压头，这样可以撬动卡扣连接中的卡扣，从而达到拆解和分离的目的。

图 5-3　卡扣连接的拆卸工具

图 5-4 是一种分离废电池外壳的专用工具[141]，通过使用钻孔和铣削切割的方式，可以将已经灌胶封装的电池外壳分离开来，便于进行电池的回收处理。

图 5-4　分离废电池外壳的专用工具

图 5-5 是一种综合了柔性夹持和快速分离的部分破坏式拆解工具。首先通过旋入式工具头固定废旧 CRT 显示器的外壳，然后通过电动工具来拆除螺钉，并最终移除 CRT 外壳。通过这种方式可以避免专用夹具的使用，从而降低了拆解设备的总体成本。

图 5-5　CRT 显示器外壳破坏式分离工具

综上所述，拆解工具是实现零部件分离的直接要素，也是实现高效和自动化拆解作业的重要装备。在面对品牌类型众多、规格不一的废旧机电产品时，拆解工具应当具有高度的适应性和可靠性，并且符合拆解作业中的人机工学原理，这样才能高效完成废旧机电产品的分离作业。

5.2　拆解工具的设计原则

5.2.1　通用性设计原则

从上面的分析可知，拆解工具应当具有较强的通用性。这种通用性是指针对一类产品中的连接都能进行可靠分离，而不需要根据废旧机电产品规格和类型的不同频繁更换工具。当然，这里所说的通用性是一个相对概念，除了减少工具更换的频率和更换时间，自动调节以及在程序控制下自动更换工具也是增强通用性的方法。

5.2.2　安全与环保设计原则

废旧机电产品的工况存在很大的差异性，而且在其使用过程中往往被维修处理过，其内部结构或多或少发生过改变，有些紧固件还会发生锈蚀。这些因素都会导致在拆解作业过程中，工具的负荷超出正常范围，并导致部分零件意外断裂。为此，必须充分考虑操作过程中的安全隐患，并做出必要的防范性设计。

废旧机电产品的拆解处理属于大环保产业的范畴,除了拆解企业在总体上要符合环保标准,具体的设备和工具也要符合环保标准和安全规范。在工具的噪声、废油、废气等方面严格控制,通过系统性设计来保证废旧机电产品的拆解作业不会造成二次污染。

5.2.3 效率一致性设计原则

这一原则主要针对拆解线上的拆解工具设计或多工位作业时的拆解工具设计。由于拆解线需要满足一定批量的年生产任务,落实到具体工位上也必须完成相应的作业指标,所以在工具的选择和设计上就不能简单地用是否满足功能要求来判断,而是要从效率一致性的原则出发,设计出符合生产节拍的专用工具。

5.3 拆解工具的设计方法

5.3.1 基于快速装夹的拆解工具设计

很多维修用工具在进行拆解作业时效率低的原因是其装夹过程需要反复调节,且采用纯手工方式。这对于维修是合适的,因为要避免损坏零件;而对于废旧机电产品的拆解就没有必要了,因为拆解的目的基本是材料回收,采用机械化装夹甚至局部破坏,并不会影响最终的效果。图5-6[142]所示的汽车轴承拆解工具就是采用的这一原理,通过手把的拉动来快速调节卡爪开度,从而实现快速装夹和拆卸。

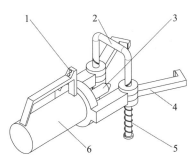

图5-6 汽车轴承快速拆解工具

1—液压阀开关;2—活动把手;3—液压活塞;4—拉爪;5—弹簧;6—机体

5.3.2　基于高效分离的拆解工具设计

这主要是针对没有再利用价值，只能作为材料回收的零部件的分离，或者是已经发生严重锈蚀的连接零件的分离。这里最常见的就是螺栓类零件的破坏性分离。从分离方式和分裂位置上看，可以分为以下几种类型。

第一种是通过挤压或剪切，将零件上的薄弱环节切断，从而实现分离的目的，图 5-7 和图 5-8 都属于这种类型。其中侧切式适合规格较大的螺母，而头部直接分离法适合规格较小的螺钉或螺母。

图 5-7　侧切式分离

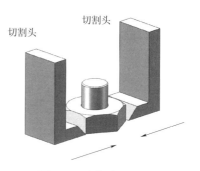

图 5-8　头部直接分离

第二种是变换分离对象或分离位置，即改变固有的分离位置，然后用新的分离方式进行分离。如图 5-9 所示，散热器风扇电动机的固定螺栓发生锈蚀，可以将分离位置从螺栓调整到电动机支架上，直接将电动机支架从如图所示的位置进行切割，即可实现风扇电动机的分离。

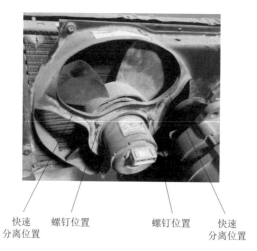

图 5-9　变换位置的分离方式

第三种是用新型的分离方式。废旧电路板（PCB）上的一些高值器件，传统上是通过加热或切割的方式来进行分离，这些方式都存在着效率低和污染物排放的问题。通过专用溶剂，在一定温度和机械条件下，可以实现电子元件的高效分离，如图5-10所示[143]。

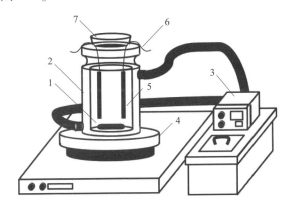

图5-10　电子元件的溶剂法分离

1—磁性搅拌头；2—容器；3—泵；4—搅拌器；5—PCB样品；6—线；7—硅胶塞子

此外，对于材料的分离和切割，也可以采用不同的方式来实现，从而在效率、排放方面改善工作效果。以报废汽车挡风玻璃的切割为例，传统的切割工具是机械式切割，这种工具的效率较低，而且往往会损坏玻璃边缘。采用超声波切割刀具，可以快速高效地分离边缘部分的聚氨酯胶，从而实现挡风玻璃的分离。

5.3.3　基于高效驱动的拆解工具设计

通过改变驱动方式，可以很方便地将手动工具或维修工具改造成高效拆解工具。常见的驱动方式包括液压驱动、气力驱动和电动。可以根据实际需要将这几种方式组合起来，例如将压缩空气驱动转换为液压驱动，然后再驱动工具的运动。

图5-11（a）是生锈螺母的手动破切工具。对于维修应用场合，由于使用频次不高，手动操作即可。对于拆解作业而言，对效率的要求较高，而且手动操作也容易导致工人的疲劳，可以将其驱动方式改造成液压方式，并采用小型液压站提供动力如图5-11（b）和图5-11（c）所示。

图5-12是报废汽车保险杠的拆解工具[144]。其作业方式是通过液压夹爪先卡住保险杠的下边缘，然后通过液压驱动方式，直接将保险杠向前拉扯，就可以将保险杠快速拉扯掉。通过这种破坏式拆解方式，大幅度提高了保险杠的拆解效率。

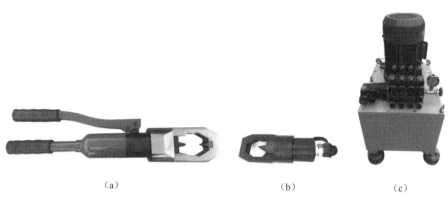

图 5-11　螺母破切工具

（a）螺母手动破切工具；（b）液压驱动破切头；（c）小型液压站

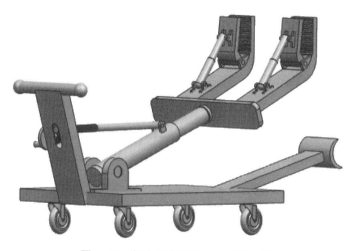

图 5-12　报废汽车保险杠的拆解工具

> ## 5.3.4　拆解工具的信息感知与控制

　　为了更好地完成拆解任务，同时又能保证设备和人员的安全，对于一些重要的工具应当配备传感器以便采集相应的数据，特别是对于安装在工业机器人和拆解装备上的工具更应如此。

　　由于不同规格的废旧机电产品在材质和厚度上会有区别，用同一种拆解参数往往是不能完成任务的。这就需要根据工具上的检测装置所获取的信息（力、位移、振动等）来进行判断，进而反馈到控制系统进行决策，最后通过施加合适的工作参数来拆解。Vong bunyong 等人[46] 设计了一种带有感知能力的切割工具，它能结合增强学习算法来实现液晶显示器外壳的切割操作。

5.4　拆解工具的数字化管理

工具管理与调度模块主要包括工具调度、工具计划管理等功能（如图 5-13 所示）。通过 RFID 技术的使用，可以有效地管理工具，提高工具的使用效率[146]。

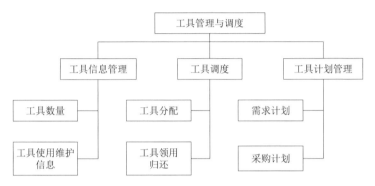

图 5-13　工具管理与调度功能模块图

拆解工具的信息管理如图 5-14 所示，在该软件工具中可以查看和编辑工具信息，具体包括工具名称、工具编号、工具数量、工具类型和工具使用维护信息。

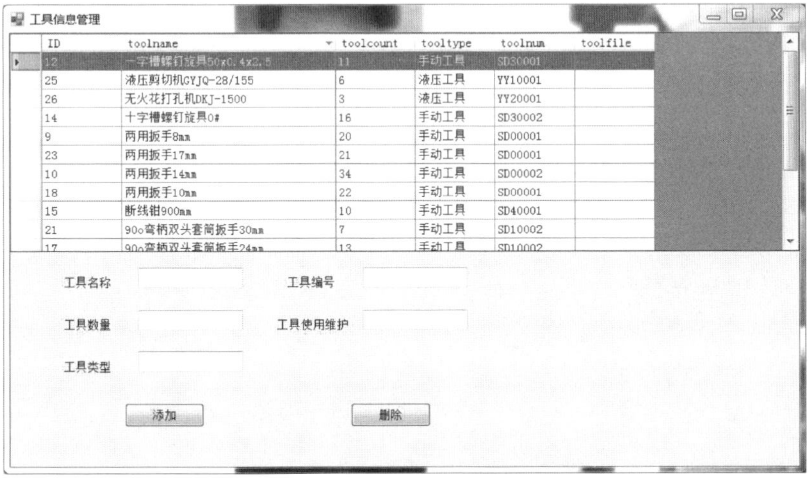

ID	toolname	toolcount	tooltype	toolnum	toolfile
12	一字槽螺钉旋具50×0.4×2.5	11	手动工具	SD30001	
25	液压购切机GYJQ-28/155	6	液压工具	YY10001	
26	无火花打孔机DKJ-1500	3	液压工具	YY20001	
14	十字槽螺钉旋具0#	16	手动工具	SD30002	
9	两用扳手8mm	20	手动工具	SD00001	
23	两用扳手17mm	21	手动工具	SD00001	
10	两用扳手14mm	34	手动工具	SD00002	
18	两用扳手10mm	22	手动工具	SD00001	
15	断线钳900mm	10	手动工具	SD40001	
21	90°弯柄双头套筒扳手30mm	7	手动工具	SD10002	
17	90°弯柄双头套筒扳手24mm	13	手动工具	SD10002	

工具名称　　　　工具编号
工具数量　　　　工具使用维护
工具类型
添加　　　　删除

图 5-14　拆解工具的信息管理

在工具匹配模块，依次选择车型、零部件、拆卸工具及其数量以完成工具的匹配，当需要匹配多个工具时，应按照操作顺序排列。工具匹配界面如图 5-15 所示。

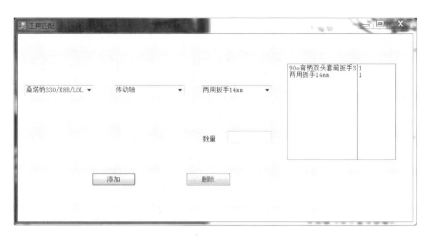

图 5- 15　工具匹配界面

5.5　本章小结

　　拆解工具对于实现高效拆解是十分重要的。为了实现高效拆解，拆解工具必须具备一定的适应性，从而减少更换工具的时间。与维修工具相比，拆解工具应当具备较好的适应性，以及辅助动力装置。对于同种零件的拆解和分离，还应当设计出面向不同拆解目的的拆解工具，以满足无破坏性拆卸和破坏性拆解的实际需要。此外，拆解工具还应当朝着具备感知和预测能力的智能化方向发展，以提高拆解操作过程中的工作效率和安全性。

第6章
总结与展望

本章主要对废旧产品的拆解技术和装备领域的现状，特别是本书在理论研究和实际应用中存在的问题进行总结和分析，并对未来在可持续发展理念之下拆解技术的发展进行讨论和分析。

6.1 工作总结

废旧机电产品的高效拆解既是一个工程问题，也是一个经济问题和社会问题。本书主要从工程角度分析和研究了废旧机电产品拆解的目标、评价方法，以及针对不同的再利用目标所采取的工艺和拆解系统、关键设备的设计方法。

①理论方面，提出了产品的几何模型和零部件属性相结合的可拆解模型，并尝试了可拆解模型自动构建的可行性。结合报废汽车等实际的待回收产品的拆解问题建立了可拆解模型，包括几何特征与拆解方式和拆解目标的关联，也包括拆解方式与拆解工艺的管理，从而增强了理论与实际的关联度。

②拆解系统方面，针对废旧机电产品拆解所存在的诸多不确定性，提出了拆解系统规划的一些原则，也提出了拆解系统优化设计的一些具体模型，并给出了工程实例。对于具体拆解系统的实时调度和实时控制，也结合报废汽车的拆解项目，介绍了具体的实施方法。这些方法和思路对于其他废旧机电产品的拆解系统设计具有一定的指导作用。

③拆解自动化设备方面，不能受制于普通制造业自动化理念，应当针对废旧机电产品回收处理的具体要求，综合运用数字化、智能化的手段，以人为中心来构建综合高效的拆解系统。在劳动强度大或者具有危险性的环节采用柔性化程度高，能够自我调节的自动化设备来完成相应的拆解任务，而大量的一般性工作还需要依靠人工来完成。

④在拆解工具的设计方面，提出了高效拆解工具的设计原则和设计方法，并基于若干拆解工具的实例，进行了设计方法和设计过程的分析。基于这些设计方法，我们可以针对不同废旧机电产品的拆解要求，设计出具有针对性的拆解工具。

6.2 后续工作及展望

随着全社会对可持续发展问题的日益重视，废旧产品的回收处理和再利用已经是一个全社会关注的热点。它也不再是传统意义上的废品回收和低层次劳动，而是一种符合时代发展的新兴产业。借助于信息化、智能化相关技术，充分提高废旧产品处理过程的综合效益，同时降低污染物的产生，将是该领域技术发展的必然趋势。我们可以在以下方面继续开展相关研究工作：

①对废旧机电产品的高效拆解与再利用，应当结合制造业的全过程物料流，综合考虑废旧机电产品的资源化利用，包括直接再利用、梯次再利用和材料再利用，尽量提高零部件的功能价值再利用。

②建立拆解知识和信息的共享机制。通过云平台在生产者和回收企业之间建立起相互支持的运行机制，使得生产者责任延伸制度能够切实履行。基于云平台和云计算来处理产品使用者、回收企业、拆解企业、再生资源企业之间的信息和知识，从而提高全社会的资源利用效率。

③从废旧产品的拆解特点来看，多样性和不确定性是其最大问题和难点，也是与普通制造业工艺规划的主要区别。为解决这些问题，应当充分吸收和利用人工智能领域中的新技术和新方法，并基于这些新技术开发新型处理装备和处理工具。

④解决高效拆解的最终途径还是要从产品的设计端着手。通过面向拆解的设计（DFD）和面向回收的设计（DFR），并结合新型制造技术和新材料技术，在设计阶段就为后续的拆解和处理做好基础性工作，才能从源头上解决产品拆解和回收的主要问题。

参考文献

［1］ HUANG Y M, HUANG C T. Disassembly matrix for disassembly processes of products［J］. International Journal of Production Research, 2002, 40（2）: 255−273.

［2］ YUAN M H, LIAO Y C. Disassembly processes with disassembly matrices and effects of operations［J］. Assembly Automation, 2009, 29（4）:348−357.

［3］ MIRCHESKI I, KANDIKJAN T, PRANGOSKE B. A mathematical model of non-destructive disassembly process［J］. International Journal of Mechanical and Production Engineering Research and Development（IJMPERD）, 2012（2）: 61−72.

［4］ LAMBERT A. Optimizing disassembly processes subjected to sequence−dependent cost［J］. Computers & Operations Research, 2007, 34（2）:536−551.

［5］ 朱建峰,徐志刚,苏开远.基于改进蛙跳算法的多目标选择性拆卸序列规划方法［J］.计算机集成制造系统,2022, 28（3）:14.

［6］ CHUNG C, PENG Q J. An integrated approach to selective-disassembly sequence planning［J］. Robotics and Computer-Integrated Manufacturing, 2005, 21（4）: 475−485.

［7］ AZAB A, ZIOUT A, ELMARAGHY W. Modeling and optimization for disassembly planning［J］. Jordan Journal of Mechanical, 2011, 5（1）:1−8.

［8］ AHMED E A, KONGAR E, GUPTA S. A genetic algorithm approach to end-of-life disassembly sequencing for robotic disassembly［J］. Mechanical and Industrial Engineering Faculty Publications, 2010（2）: 26−28.

［9］ LAMBERT A . Exact methods in optimum disassembly sequence search for problems subject to sequence dependent costs［J］. Omega, 2006, 34（6）:538−549.

［10］同［4］.

[11] LAMBERT A，GUPTA S. Methods for optimum and near optimum disassembly sequencing［J］. International Journal of Production Research，2008（46）：2845-2865.

[12] LAMBERT A. Determining optimum disassembly sequences in electronic equipment［J］. Computers & Industrial Engineering，2002，43（3）：553-575.

[13] 苏开远,徐志刚,朱建峰,等. 基于 Petri 网的废旧产品拆卸设备设计[J]. 浙江大学学报(工学版)，2020，54（9）：10.

[14] FILIP F G，LUMINITA D. Automated disassembly：main stage in manufactured products recycling［C］. Conference：Proceedings of the 4'th International Workshop on Computer Science and Information Technology，CSIT 2002At：Patras，Greece .

[15] 吴昊,左洪福. 基于改进遗传算法的选择性拆卸序列规划[J]. 航空学报，2009，30（5）：7.

[16] FANG Y A product disassembly model based on hybrid directed graph ［C］. Proceedings of the 2008 Frontiers of Software Maintenance，2008.

[17] RIOS P，BLYLER L，TIEMAN L，et al. A symbolic methodology to improve disassembly process design.［J］. Environmental Science & Technology，2003，37（23）：5417-5423.

[18] SHIMIZU Y，TSUJI K，NOMURA M. Optimal disassembly sequence generation using a genetic programming［J］. International Journal of Production Research，2007，45（18-19）：4537-4554.

[19] AZAB A，ZIOUT A，ELMARAGHY W. Modeling and optimization for disassembly planning［J］. Jordan Journal of Mechanical and Industrial Engineering，2011（5）：1-8.

[20] YEH W C. Simplified swarm optimization in disassembly sequencing problems with learning effects［J］. Computers & Operations Research，2012，39（9）：2168-2177.

[21] LAMBERT A. Optimizing disassembly processes subjected to sequence-dependent cost[J]. Computers & Operations Research，2007，34（2）：536-551.

[22] GAO M，ZHOU M C，YING T. Intelligent decision making in disassembly process based on fuzzy reasoning Petri nets［J］. IEEE Transactions on Systems Man & Cybernetics Part B Cybernetics A Publication of the IEEE Systems Man & Cybernetics Society，2004，34（5）：2029-2034.

[23] TRIPATHI M，AGRAWAL S，SHANKAR M K P R，et al. Real world disassembly modeling and sequencing problem：Optimization by Algorithm of Self-Guided Ants （ASGA）［J］. Robotics and Computer Integrated Manufacturing，2009，25（3）：

483-496.

[24] 张秀芬,张树有. 基于粒子群算法的产品拆卸序列规划方法[J]. 计算机集成制造系统, 2009, 15(3):508-514.

[25] 张秀芬,张树有,伊国栋,等. 面向复杂机械产品的目标选择性拆卸序列规划方法[J]. 机械工程学报, 2010(11):7.

[26] WANG J F, LIU J H, Li S Q , et al. Intelligent selective disassembly using the ant colony algorithm [J]. Artificial Intelligence for Engineering Design Analysis & Manufacturing, 2003, 17(4):325-333.

[27] FERRE E, LAUMOND J P. An iterative diffusion algorithm for part disassembly [C]//IEEE International Conference on Robotics and Automation, 2004.

[28] AGUINAGA I, BORRO D, MATEY L. Parallel RRT-based path planning for selective disassembly planning [J]. The International Journal of Advanced Manufacturing Technology, 2008, 36(11): 1221-1233.

[29] LE D T, CORTES J, SIMEON T. A path planning approach to disassembly sequencing [C]. IEEE International Conference on Automation Science and Engineering, 2009.

[30] GIUDICE F. Disassembly depth distribution for ease of service: a rule-based approach [J]. Journal of Engineering Design, 2010, 21(4): 375-411.

[31] SMITH S S, CHEN W H. Rule-based recursive selective disassembly sequence planning for green design [J]. Advanced Engineering Informatics, 2011, 25(1): 77-87.

[32] ZEID I, GUPTA S M, PAN L. Case-based reasoning disassembly system[J]. Proceedings of SPIE-The International Society for Optical Engineering, 2000: 4193.

[33] ZHOU F, JIAMG Z, ZHANG H, et al. A Case-based reasoning method for remanufacturing process planning[J]. Discrete Dynamics in Nature and Society, 2014(5):192-208.

[34] HASAN B, WIKANDER J, ONORI M. Assembly design semantic recognition using solidWorks-API [J]. International Journal of Mechanical Engineering and Robotics Research, 2016 (5):280-287.

[35] HASAN B. Product feature modelling for integrating product design and assembly process planning [J]. International Journal of Mechanical & Mechatronics Engineering, 2016 (10): 1760.

[36] ZHU, B C. Modeling and validation of a web ontology language based disassembly planning information model[J]. Journal of Computing and Information Science in Engineering, 2018(18):2.

［37］刘少丽,武林林,刘检华,等．基于装配语义的航天产品虚拟装配过程仿真方法［J］.北京理工大学学报,2021,41(1):37-42.

［38］崔祥友,唐敦兵,朱海华,等．基于本体与SWRL的工艺知识表示与语义推理［J］.机械制造与自动化,2017,46(3):5-8.

［39］DURMISEVIC, CIFTCIOGLU O, and ANUMBA C J. Knowledge model for assessing disassembly potential of structures［EB/OL］. https://www. irbnet. de/daten/iconda/CIB883. pdf.

［40］SAARBRUCKEN. DISCOVER IDIS（2016）［EB/OL］. https://idis2. com/discover. php.

［41］中国汽车技术研究中心．中国汽车绿色拆解信息系统(2003)［EB/OL］. http://www. cagds. org. cn/.

［42］KIM H J, KERNBAUM S, SELIGER G. Emulation-based control of a disassembly system for LCD monitors［J］. The International Journal of Advanced Manufacturing Technology, 2009, 40(3): 383-392.

［43］KIM H J, CIUPEK M, BUCHHOLZ A, et al. Adaptive disassembly sequence control by using product and system information［J］. Robotics and Computer-Integrated Manufacturing, 2006, 22(3): 267-278.

［44］KIM H J, HARMS R, SELIGER G. Automatic control sequence generation for a hybrid disassembly system［J］. IEEE Transactions on Automation Science & Engineering, 2007, 4(2):194-205.

［45］DAI G, ZHOU Z. Human centered automation system for ELV disassembly line［C］. Proceedings of the advanced manufacturing and automation Ⅶ Springer Singapore,2018.

［46］VONGBUNYONG S, CHEN W H. Disassembly automation-automated systems with cognitive abilities ［M］. Sustainable production, life cycle engineering and management, 2015.

［47］WEGENER K, CHEN W H, DIETRICH F, et al. Robot assisted disassembly for the recycling of electric vehicle batteries［J］. Procedia Cirp, 2015 (29):716-721.

［48］GIL P, POMARES J, DIAZ S, et al. Flexible multi-sensorial system for automatic disassembly using cooperative robots ［J］. International Journal of Computer Integrated Manufacturing, 2007(1):1-16.

［49］SELIGER G, BASDERE B, KEIL T, et al. Innovative processes and tools for disassembly［J］. CIRP Annals-Manufacturing Technology, 2002, 51(1):37-40.

［50］DUFLOU J R, SELIGER G, KARA S, et al. Efficiency and feasibility of product disassembly: A case-based study［J］. CIRP Annals-Manufacturing Technology, 2008, 57(2):583-600.

［51］SCHUMACHER P, JOUANEH M. A force sensing tool for disassembly operations

［J］. Robotics & Computer Integrated Manufacturing, 2014, 30(2):206-217.

［52］ JOVANE F, ALTINGL, et al. A key lssue in product life cycle: disassembly［J］. CIRP Annals-Manufacturing Technology, 1993, 42(2):651-658.

［53］ 李艳芳. 报废汽车拆卸机器人工具设计与技术研究［D］. 南京航空航天大学.

［54］ 高文锐,孙奎,金明河. 基于十字滑块的具有容差能力的螺钉拆卸工具设计［J］. 机械与电子, 2014(9):5.

［55］ 沈宇榄. 报废汽车拆卸机器人工作头的电动机控制技术研究［D］. 南京:南京航空航天大学.

［56］ ZUO B R, STENZEL A, SELIGER G. A novel disassembly tool with screwnail endeffectors［J］. Journal of Intelligent Manufacturing, 2002, 13(3):157-163.

［57］ SANCHEZ A, ZOTOVIC R, VALERA A, et al. Automatic disassembly system architecture for end-of-life vehicles［C］. Proceedings of the 9th WSEAS International Conference on International Conference on Automation and InformationJune 2008 (2): 68-73.

［58］ CORNELIUS K, FELIX H, et al., The KIT gripper: A multi-functional gripper for disassembly tasks ［EB/OL］. https://h2t. anthropomatik. kit. edu/pdf/Klas2021. pdf.

［59］ GIL P, TORRES F, ORTIZ F G, et al. Detection of partial occlusions of assembled components to simplify the disassembly tasks ［J］. The International Journal of Advanced Manufacturing Technology, 2006, 30(5): 530-539.

［60］ Björn K, Järrhed J. Recycling of electrical motors by automatic disassembly［J］. Measurement Science and Technology, 2000,1(11): 351-357.

［61］ VONGBUNYONG S, KARAL S, Maurice PAGNUCCO. Application of cognitive robotics in disassembly of products［J］. CIRP Annals-Manufacturing Technology, 2013,1(62): 31-34.

［62］ SHAABAN S, KALAYCI C B , GUPTA S M. Ant colony optimization for sequence-dependent disassembly line balancing problem ［J］. Journal of Manufacturing Technology Management, 2013, 24(3):413-427.

［63］ MCGOVERN S M, GUPTA S M. A balancing method and genetic algorithm for disassembly line balancing［J］. European Journal of Operational Research, 2007, 179(3):692-708.

［64］ ROBERT J. RIGGS, OLGA B, JACK H S. Disassembly line balancing under high variety of end of life states using a joint precedence graph approach［J］. Journal of Manufacturing Systems, 2015, (37):638-648.

［65］ 郭秀萍,肖钦心. 求解混流双边拆解线平衡多目标问题的变邻域帝国竞争算法［J］. 管理工程学报, 2019, 33(4):8.

［66］ LEE D H, KIM H J, CHOI G, et al. Disassembly scheduling: Integer programming models［J］. Proceedings of the Institution of Mechanical Engineers, Part B：Journal of Engineering Manufacture, 2004, 218(10)：1357-1372.

［67］ KIM H J, LEE D H, KWON P. A branch and bound algorithm for disassembly scheduling with assembly product structure［J］. Journal of the Operational Research Society, 2009, 60(3)：419-430.

［68］ KIM H J, CHIOTELLIS S, SELIGER G. Dynamic process planning control of hybrid disassembly systems［J］. The International Journal of Advanced Manufacturing Technology, 2009, 40(9)：1016-1023.

［69］ 刘志峰,成焕波,李新宇,等. 电热激发的主动拆卸结构设计［J］. 机械设计与研究, 2011, 27(3)：5.

［70］ LIU Z, ZHAO L, ZHONG J, et al. Analysis of mobile phone reliability based on active disassembly using smart materials［J］. Journal of Surface Engineered Materials and Advanced Technology, 2011, 1(2)：80-87.

［71］ 刘志峰,成焕波,李新宇,等. 基于电热激发的主动拆卸产品设计方法及其设计准则研究［J］. 中国机械工程, 2011, 22(19)：6.

［72］ JOSEPH C, NICK J, Smart materials use in active disassembly［J］. Assembly Automation, 2012,32(1)：8-24.

［73］ CHIODO J, JONES N . Smart materials use in active disassembly［J］. Assembly Automation, 2012, 32(1)：8-24.

［74］ 刘志峰,李新宇,张洪潮. 基于形状记忆高分子材料的产品主动拆卸设计方法研究［C］. 中国电子电器行业应对绿色低碳国际研讨会. 中国电器工业协会,国家工业与日用电器行业生产力促进中心, 2010.

［75］ 王磊,王倡春,尧梦飞,等. 形状记忆高分子材料在自拆卸构件中的应用进展［J］. 科技资讯, 2014(15)：2.

［76］ JOOST D, SELIGER G, SAMI K. Efficiency and feasibility of product disassembly：A case-based study［J］. CIRP Annals (Elsevier), 2008,57(1)：583-600.

［77］ BLEVIS E. Sustainable interaction design：invention & disposal, renewal & reuse［C］. Proceedings of the 2007 Conference on Human Factors in Computing Systems, San Jose, California, USA, 2007.

［78］ Matthew C M, HASAN A. Design evaluation method for the disassembly of electronic equipment ［C］. International conference on engineering design iced 03 stockholm, 2003.

［79］ PEDRO A O E, MIGUE A Z M. Design for disassembly (dfd) as strategy for redesign and optimization of products［C］. Proceedings IRF2020：7th International Conference Integrity-Reliability-Failure. INEGI-FEUP, 2020：445-458.

［80］ FROELICHA D, HAOUESA N, LEROYB Y, RENARDA H. Development of a new methodology to integrate ELV treatment limits into requirements for metal automotive part design[J]. Minerals Engineering, 2007,20(8): 891−901.

[81] SCHAIK A, VAN, REUTER M A. The optimization of end-of-life vehicle recycling in the european union[J]. JOM, 2004,56(5):39−43.

[82] TAKEUCHI S, SAITOU K. Design for product-embedded disassembly with maximum profit [C]. proceedings of the 2005 4th International Symposium on Environmentally Conscious Design and Inverse Manufacturing, 2005.

[83] TAKEUCHI S, SAITOU K. Design for product embedded disassembly [J]. IEEE, 2008.

[84] DJAMI A, N W, YAMIGNO S. Disassembly evaluation in design of a system using a multi-parameters index [J]. Modern Mechanical Engineering, 2019 (9): 65−80.

[85] OSMAR P, LUIZ V O D. A model of evaluation of design for disassembly[J]. Product: Management & Development, 2007,5(12): 133−137.

[86] CAPPELLI F, DELOGU M, PIERINI M, et al. Design for disassembly: a methodology for identifying the optimal disassembly sequence [J]. Journal of Engineering Design, 2007, 18(6): 563−575.

[87] WAKAMATSU H, TSUMAYA A, SHIRASE K, et al. Development of disassembly support system for mechanical parts and its application to design considering reuse/recycle [C]. Environmentally Conscious Design and Inverse Manufacturing. Proceedings EcoDesign 2001: Second International Symposium on. IEEE Xplore, 2001.

[88] AFRINALDI F, ZAMERI M, SAMAN M, et al. Computer-based end-of-life product disassemblability evaluation tool [C]. Proceedings of the 9th Asia Pasific Industrial Engineering & Management Systems Conference. Nusa Dua, Bali-INDONESIA. 2008,1.

[89]FAVI C, GERMANI M, MANDOLINI M, et al. Includes knowledge of dismantling centers in the early design phase: a knowledge-based design for disassembly approach [J]. Procedia CIRP, 2016(48): 401−406.

[90] 周自强,戴国洪,章泳健. 适合中国国情的报废汽车拆解模式研究[J]. 江苏技术师范学院学报,2011(10):18−21.

[91] SUNDIN E, BRAS B. Making functional sales environmentally and economically beneficial through product remanufacturing [J]. Journal of Cleaner Production, 2005, 13(9): 913−925.

[92] 刘学荣. 固体废弃物拆解业对环境影响评估及整治[J]. 化工设计通讯,2017, 43(3):195+211.

［93］生态环境部 . 国家危险废物名录（2021）［EB/OL］. https：//www. mee. gov. cn/gzk/gz/202112/t20211213_963867. shtml.

［94］ZHOU Z Q, TAN H M, DAI G H. Research of value analysis oriented end of life vehicle dismantling and recycling process［J］. Advanced Materials Research, 2012（4）：518-523.

［95］黄艰生,周自强,符杰 . 报废汽车回收处理的环境影响分析与评价［J］. 资源再生,2019(11):40-42.

［96］TSAI C K. Enhancing disassembly and recycling planning using life-cycle analysis［J］. Robotics and Computer-Integrated Manufacturing, 2006, 22(5)：420-428.

［97］ZHOU Z Q, DAI G H, ZHANG X Y, et al. Remanufacturing strategies based on value analysis of product Life cycle［J］. The Open Cybernetics & Systemics Journal, 2015 (9)：2826-2833.

［98］张秀芬,张树有 . 基于粒子群算法的产品拆卸序列规划方法［J］. 计算机集成制造系统,2009,15(3):508-514.

［99］符杰,周自强,翟棒棒 . 基于 DBOM 的废旧产品可拆卸模型研究［J］. 再生资源与循环经济,2017,10(12):25-28.

［100］刘少丽,武林林,刘检华,等 . 基于装配语义的航天产品虚拟装配过程仿真方法［J］. 北京理工大学学报,2021,41(1):37-42.

［101］MA Y S, JUN H B, KIM H W, et al. Disassembly process planning algorithms for end-of-life product recovery and environmentally conscious disposal ［J］. International Journal of Production Research, 2011, 49(23)：7007-7027.

［102］张秀芬,张树有,伊国栋,等 . 面向复杂机械产品的目标选择性拆卸序列规划方法［J］. 机械工程学报,2010,46(11):172-178.

［103］吴兆仁,周自强,戴国洪 . 基于模糊聚类的拆卸成本建模方法研究［J］. 现代制造工程,2015(6):141-146.

［104］WU Z R, ZHOU Z Q, DAI G H. Approach of composing disassembly model Based on the CAD Information for end of life product ［J］. Advanced Materials Research, 2014(1039)：484-489.

［105］DUCHOŇ F, BABINEC A, KAJAN M, et al. Path planning with modified a star algorithm for a mobile robot［J］. Procedia Engineering, 2014 (96)：59-69.

［106］MAHADEVI S, SHYLAJA K R, Ravinandan M. E. memory based a-star algorithm for path planning of a mobile robot［J］. International Journal of Science and Research, 2012,3(6):1351-1355.

［107］GIUDICE F, KASSEM M. End-of-life impact reduction through analysis and redistribution of disassembly depth：A case study in electronic device redesign ［J］. Computers & Industrial Engineering, 2009, 57(3)：677-690.

[108] 张春亮. 不确定条件下退役乘用车拆解深度决策与产线平衡优化研究[D]. 上海:上海交通大学,2019.

[109] ZI QI Z, GUO H D, XIANG Y Z, et al. Research of partial destructive based Selective disassembly sequence planning [J]. The Open Mechanical Engineering Journal, 2015(9):605-612.

[110] 饶树林. 大型压缩机叶轮和轴过盈配合无损拆解的研究[D]. 合肥:合肥工业大学,2014.

[111] 徐滨士,等. 再制造工程基础及其应用[M]. 哈尔滨:哈尔滨工业大学出版社,2005.

[112] HULA A, JALALI K, HAMZA K, et al. Multi-criteria decision-making for optimization of product disassembly under multiple situations [J]. Environ Sci Technol, 2003, 37(23):5303-5313.

[113] FELDMANN K, TRAUTNER S, MEEDT O. Innovative disassembly strategies based on flexible partial destructive tools [J]. Annual Reviews in Control, 1999 (23):159-164.

[114] 翟棒棒,周自强,戴国洪. 废旧产品拆卸领域人机工程学的发展与应用[J]. 机械研究与应用,2015,28(6):189-191.

[115] 曹娟,周自强,戴国洪. 废旧汽车发电机拆解过程的人机工程学仿真研究[J]. 机械研究与应用,2017,30(5):61-64.

[116] 周自强,吴兆仁,戴国洪. 一种报废汽车循环输送装置:CN204702138U[P]. 2015-10-14.

[117] RICKLI J, CAMELIO J, ZAPATA G. Partial Disassembly Sequence Optimization of End-of-Life Products for Value Recovery [M]. 2009.

[118] VAN SCHAIK A, REUTER M A. The optimization of end-of-life vehicle recycling in the european union [J]. JOM, 2004, 56(8):39-43.

[119] ZHANG X, CAO J, BI K X, et al. PSO algorithm based shredding parameter optimizing for the body of ELV [C]. Proceedings of the International Conference on Environmental Science and Sustainable Energy, 2017.

[120] 黄艰生,周自强,谭翰墨,等. 报废汽车拆解线的实时调度方法研究[J]. 再生资源与循环经济,2017,10(11):32-35.

[121] 蒋波,周自强,黄艰生,等. 基于PLC的报废汽车拆解线作业控制系统[J]. 机械与电子,2019,37(1):54-57.

[122] 黄艰生,周自强,符杰. 报废汽车回收处理的环境影响分析与评价[J]. 资源再生, 2019(11):3.

[123] 符杰,周自强,黄艰生,等. 基于离散和连续型算法的报废汽车拆解中心选址对比研究[J]. 资源再生,2017(10):55-57.

［124］SUPACHAI V, CHEN W H. Disassembly automation［M］. Springer Cham, 2015.

［125］戴国洪，周自强. 废旧小型汽车柔性拆解技术研究［J］. 常熟理工学院学报，2012，26(10)：4.

［126］陈锋，周自强，戴国洪. 基于 MATLAB 的挡风玻璃切割机的优化设计［J］. 机械制造与自动化，2018(2)：148-150+182.

［127］陈铭. 面向材料效率的汽车产品回收利用关键技术研究［J］. 中国机械工程，2018，29(21)：11.

［128］周自强，戴国洪. 挡风玻璃边缘检测传感器：CN102564292A［P］. 2012.

［129］GIL P, POMARES J, PUENTE S V, et al. Flexible multi-sensorial system for automatic disassembly using cooperative robots［J］. Int J Comput Integr Manuf, 2007, 20(8)：757-772.

［130］DANIEL L The science behind kinects or kinect 1.0 versus 2.0（2013）［EB/OL］. https：// www. gamedeveloper. com/console/the-science-behind-kinects-or-kinect-1-0-versus-2-0.

［131］张志佳，魏信，周自强，等. 一种基于八邻域深度差的点云边缘提取算法［J］. 仪器仪表学报，2017，38(8)：7-12.

［132］张志佳，魏信，周自强，等. 基于深度图像和点云边缘特征的典型零部件识别［J］. 信息与控制，2017(3)：7-9.

［133］张学忱，陈锦昌，申艺杰. 基于轴对称非球面子午线的步长不变式双圆弧插补算法［J］. 机械工程学报，2013，49(9)：144-150.

［134］LEE T M, LEE E K, YANG M Y. Precise bi-arc curve fitting algorithm for machining an aspheric surface［J］. International Journal of Advanced Manufacturing Technology, 2007, 31(11-12)：1191-1197.

［135］毛慧俊，周自强，蒋波. 报废汽车挡风玻璃边缘轮廓的双圆弧优化拟合方法研究［J］. 再生资源与循环经济，2018，11(7)：4.

［136］陈锋，魏信，周自强，等. 基于计算机视觉的报废汽车挡风玻璃切割找正方法研究［J］. 现代制造工程，2018(1)：6.

［137］张超，周自强，谭翰墨，等. 基于 PC-Interface 的机器人拆卸操作仿真研究［J］. 机械与电子，2018，36(3)：4.

［138］周自强. 汽车内饰件拆解工具［P］. CN201120362165.6, 2016.

［139］SELIGER G, KEIL T, REBAFKA U, et al. Flexible disassembly tools：proceedings of the electronics and the environment［C］. Proceedings of the 2001 IEEE International Symposium.

［140］PEETERS J R, VANEGAS P, MOUTON C, et al. Tool design for electronic product dismantling［C］. Proceedings of the 23rd CIRP conference on life cycle engineering, 2016.

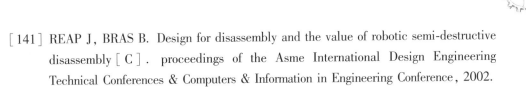
［141］REAP J, BRAS B. Design for disassembly and the value of robotic semi-destructive disassembly［C］. proceedings of the Asme International Design Engineering Technical Conferences & Computers & Information in Engineering Conference, 2002.

［142］周自强,张超,谭翰墨,等. 废旧汽车轴承快速拆卸工具:CN201520415244. 6［P］. 2015.

［143］JUNG M, YOO K, ALORRO R D. Dismantling of electric and electronic components from waste printed circuit boards by hydrochloric acid leaching with stannic Ions［J］. Materials Transactions, 2017, 58(7): 1076-1080.

［144］周自强,虢建. 报废汽车保险杠快速拆卸装置:CN20170044276. 9［P］. 2017.

［145］VONGBUNYONG S, KARA S, PAGNUCCO M. Basic behaviour control of the vision-based cognitive robotic disassembly automation［J］. Assembly Automation, 2013, 33（1）: 38-56.

［146］郎军成,翁兴伟,肖树臣,等. 基于 RFID 技术的工具设备管理系统研究［J］. 航空维修与工程,2010（3）: 3.